リスクベース
メンテナンス入門
―RBM―

日本学術振興会・産学連携第180委員会
「リスクベース設備管理」テキスト編集分科会編

養賢堂

編集者

日本学術振興会・産学連携第180委員会「リスクベース設備管理」テキスト編集分科会編

主査	久保内昌敏	東京工業大学		
委員	酒井　潤一	早稲田大学名誉教授	富士彰夫	㈱ベストマテリア
	岩崎　篤	群馬大学	福田隆文	長岡技術科学大学
	木原　重光	㈱ベストマテリア	山本勝美	早稲田大学
	柴崎　敏和	千代田化工建設㈱		

執筆者

山本　正弘	(独)日本原子力研究開発機構
中原　正大	旭化成(株)生産技術本部
石丸　裕	大阪大学
長尾　健	東京海上日動火災保険(株)
福田　隆文	長岡技術科学大学
岩崎　篤	群馬大学
倉敷　哲生	大阪大学
柴崎　敏和	千代田化工建設(株)
松田　宏康	(株)ベストマテリア
中山　元	(株)IHI
関田　隆一	福山大学
藤井　和夫	JFEスチール(株)
半田　隆夫	東日本電信電話(株)
藤井　和美	(株)日立製作所
宮澤　正純	三菱化学(株)
山本　勝美	早稲田大学

序文 リスクベースメンテナンス入門 ―RBM―

日本経済は1990年代にその停滞が始まり，今日（2017年）に至っている．すでに日本の鉄鋼備蓄量は13億トンを超え，成熟社会となり，更なる国内経済の著しい拡大は期待薄である．一方，この20余年の間に産業資本，社会資本の損傷事例が顕在化してきた．特に，21世紀に入り産業事故の急激な増大が認められた．その原因の一つとして，メンテナンスの弱体化が挙げられる．2003年12月には経済産業省が「産業事故調査結果の中間取りまとめ」を発表し，経営上の問題として看過し難いと喚起した．また，腐食防食学会は「材料と環境2003」での「経年プラントの信頼性維持管理―われわれは何をすべきか」シンポジウムを開催し，今後の活動指針を示した．これらを受け，文部科学省の外郭団体である日本学術振興会（JSPS）は「化学プラントのリスクベース保全技術に関する先導的研究開発委員会」（2004.3～2007.3：委員長　酒井潤一）を設置し，産学官の立場からの課題を明確にした．重要なことは，あたかも古く完成した技術と思われがちな「メンテナンス」が，今後の社会生活にとって極めて重要でその発展が期待される技術である，とJSPSが認識した点である．同委員会の提言を踏まえ，JSPSは新たに産学協力委員会「リスクベース設備管理第180委員会」（2007.4～）を設立し，産学それぞれ25名程度の委員構成で活動を開始した．JSPSの委員会がほかの委員会と異なる点は，業態を超え，学術的に貢献せんとするところにある．活動の主眼はリスクベースメンテナンス（RBM）を本邦に根付かせるための諸課題の提案・解決にある．これらの活動を通じ，RBMに関する理解度が低いこと，実際に取り組もうとするときに適当なテキストがないこと，などが判明した．このことを踏まえ，RBMの何たるか，どのように取り組むのか，といった，初心者向けのわかりやすいテキストがここに上梓されることになった次第である．このテキストを纏めるにあたり，たたき台として，すでに刊行されていた「リスク評価によるメンテナンス，RBM/RBI 入門」（日本プラントメンテナンス協会）を，著者の木原重光氏，富士彰夫氏のご快諾の下，参考にさせて頂いた．執筆者を代表し，感謝する．ここに新たに出版された「リスクベースメンテナンス入門　－ RBM －」は目次をご一覧して頂ければわかるように，RBM とは何か？ RBM のメリットは？世界の動向は？と展開し，極めてわかりやすく導入されている．さらに，リスクとは何か？といった基本を学び，次いで，実際に RBM を適用するための手順が示されている．読者のレベルに合わせた理解が可能であるとともに，次のステップへのガイドも示されている．元々，RBM は API などの石油産業組織を母体として発展してきた．従って，適用範囲，事例などが石油産業に偏っており，他の産業分野では具体的な取り組み方法が定かでなかった．第 5 章は石油産業に加え，鉄鋼，通信，運輸，機械，エネルギー，各種構造物，社会インフラなどの各種業態への RBM 適用事例を紹介している．これらを参考にすれば，個別業態への取り組み方法がイメージできると期待している．本書のもう一つの特徴は，第 6 章に「Q&A」を設け，諸学者が持つであろう疑問に丁寧に答えている点である．ここに RBM の理解に必要な背景が述べられている．場合によっては，これら第 5，6 章から読み始めるのも，よりよい理解に繋がり，導入に当たっての決断を容易にするものと考える．

JSPS180 委員会では，今後，「影響度評価」「損傷可能性」といった各分科会の活動に沿った内容についても出版していく予定である．

最後に，出版に至るまでご尽力いただいた，久保内主査を始めとする，委員各位，執筆者各位に感謝すると共に，辛抱強く出版までこぎつけて頂いた（株）養賢堂の三浦信幸氏，嶋田 薫氏に感謝する．

2017 年 3 月

JSPS　第 180 委員会　委員長　酒井潤一　（早稲田大学）

目　次

1 リスクベースメンテナンス（RBM）とは？

1.1 RBMとは何か？

リスクベースメンテナンス（Risk-Based Maintenance，RBM）は，リスクを基準にして行うメンテナンスのことであり，“リスク”とは，故障，破損の起こりやすさと影響の大きさを組合せた指標である．リスクを図示したものをリスクマトリックスと呼び，図1.1にそのイメージを示す．

今まで故障，破損の状態に注目して決めてきた検査，メンテナンスの方法をリスク基準で行う方法に変えると次のようなことがわかってくる．

a.　故障，破損が起こりやすく影響が大きい（高リスクの領域）機器は，できるだけ早い対策が必要である

b.　故障，破損の起こりやすさが低くても，影響が大きい機器は，注目す

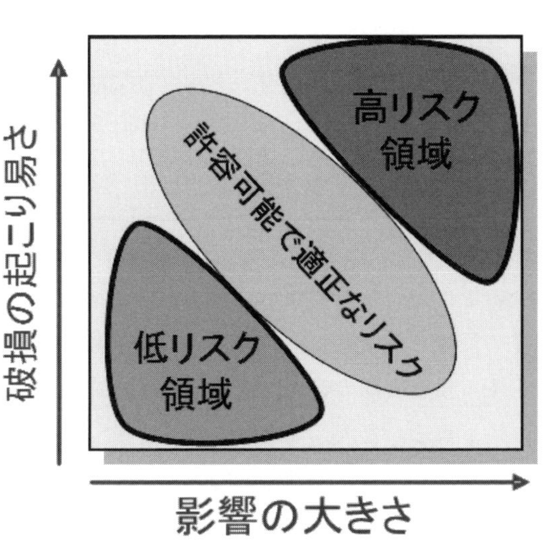

図1.1　リスクマトリックスのイメージ

　る必要がある

c. 故障，破損が多くても影響，被害が小さければ，壊れてから直すことも選択肢として考えられる．

d. 故障，破損の発生が少なく，影響も小さい（低リスク領域）機器は，検査頻度を少なくするなどしても余裕がある．

つまり，RBMの目的は，故障，破損の起こりやすさと影響の大きさを最適な状態にして安全性，健全性および経済性を同時に維持することである．

1.2　どのような設備に使われるのか？

もともと海外大手の石油会社が推進した方法であったため，国内外の石油精製プラントでは既に幅広く適用が始まっている．その後多くの産業分野で導入が検討され，化学，石油化学，発電設備，貯蔵設備，鉄鋼設備，運搬機械，船舶など，プラントや設備の検査，メンテナンス計画における戦略および意思決定のツールとしての利用が進みつつある．

特に規制緩和が進む中，従来型の定期的な検査に代わり，自己責任による検査，メンテナンス計画を練るときの選択のための指標として使われている．そのために，共通の規格の策定や使用ガイドラインを提示することで一層の普及が望まれている．

1.3　メリットやデメリットは？

RBMによる最大のメリットは，プラント，設備の全体のリスクがある一定の値以下になることで，安全で効率的な運転を可能にすることである．その結果，故障率の低減と計画外停止の減少による稼働率の向上等，プラントの安全性の向上や，検査周期の延長，検査の項目軽減などによる検査のコスト低減などが期待される．また，今までの機器情報，検査記録，重要度分類など一連の保全データをリスク評価に活用する中で一元的にデータベース化でき，リスクという指標により運転，保全，設備管理，経営，経理など多くの関係者が共通の認識をもつことが可能になる．合わせて，ベテランの設備管理者と若手を組合せてRBMを実施することにより，技能伝承などにも効果が期待できる．

デメリットとしては，RBMを導入するためのソフトの導入やコンサルタント料，対応要員の確保など，ある程度のコストが必要ということになるが，導入することによるプラント，設備への悪影響は無いと考えて良い．

2 RBM が必要とされるわけ

2.1 RBM 適用の目的

RBM を適用する目的としては，以下の各項が挙げられる.

a. 各担当間で設備管理に関して意思決定するための共通の考え方や基準を得る

b. 経済的，技術的に合理的な設備管理を行う

c. 時代背景変化に対して対応する

これらに関して，以下に説明する.

a 項に関して，設備管理を経済的に，かつ技術的合理性を確保して行うことは，企業の存続において重要なテーマである．しかし，設備を安全に安定して稼働させるため，どのような体制，方法論および費用（修繕費）で行うべきかは複雑で，最適な解答を得難い課題である．その原因は，事業運営者，工場の運転担当者，設備管理担当者および環境・安全担当者の間で視点が異なり，設備管理に関する意思決定をするための共通の基準や方法論が，明確には存在しないためである.

それに対する一つの解答が，リスクを基準として設備管理を行うとする RBM 適用の提案である．これを適用することにより，設備管理を行うための費用，体制および検査や補修を含む方法論等まで，統一的な考え方に従って各担当が議論し，合理的な判断を行うことを目的としている．以上の考え方を模式的に，図 2.1 に示す．逆に，この目的のためには，RBM の適用にあたって個別機器の設備管理が，リスクとどのように関係しているかを定量的，合理的に評価し，それに基づいて適用すべき設備管理方法を確立しておくことが必要となる.

次に b 項に関しては，リスクを定量的に評価するためには，各機器において発生可能性のある破損等の寿命となる現象の発生可能性を，技術的に妥

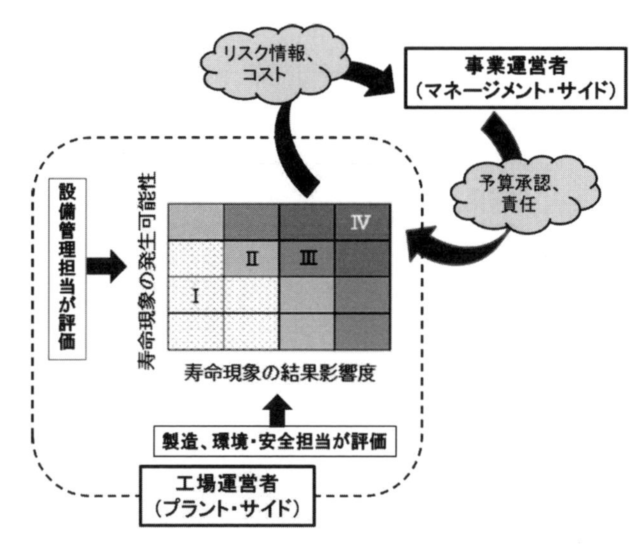

図 2.1　リスクに基づいた各担当の役割

当で定量的に評価する方法論の構築，寿命現象が発生した場合の結果影響を定量的に評価する方法の確立，および評価されたリスクに応じた最適な保全方式や検査計画などの設備管理方法を選択する方法を明確化しておく必要がある．

この過程で，それぞれの方法論の技術的検討や文章として明確化が必要となる．そうすることにより，設備管理に関する属人的で定性的な判断を，RBMでは人によらず客観的で定量的に行うことが目指され，技術の伝承や情報の整理による知識化，および技術の普及が図られると期待される．これにより，信頼性を担保しつつ設備管理コストの最適化，低減ができる可能性がある．

c 項の時代背景の変化への対応に関しては，次節で現状の設備管理とその課題について検討した後に述べる．

2.2　現状の日本における設備管理とその課題

日本の多くのプラントにおいては，現状において程度の差はあるが図 2.2

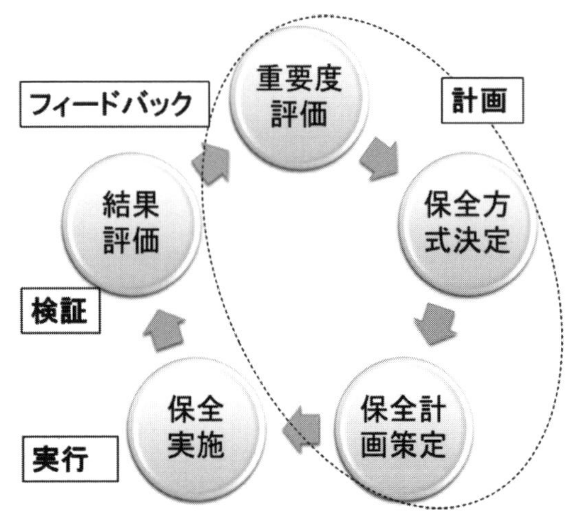

図2.2　設備管理のサイクル

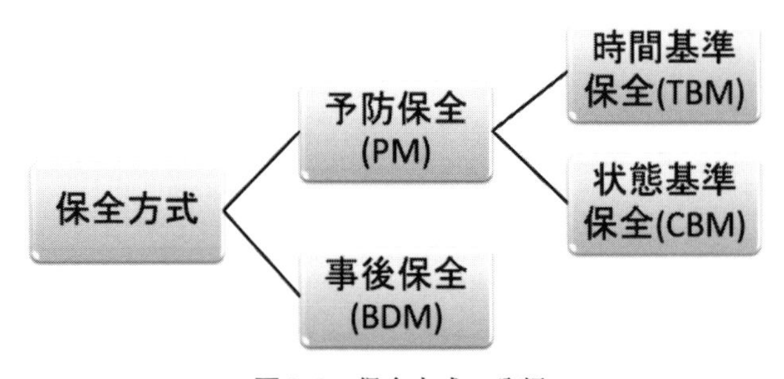

図2.3　保全方式の分類

に示すサイクルで設備管理が行われている．

この図2.2では，重要度の評価においては，寿命現象の発生可能性や，その結果影響も考慮されている場合もあるが，それ以外の要因と合わせて定性的に評価されている場合がほとんどである．また，重要度がプラント間で統一的な基準まで整備されていないのが現状である．すなわち，各機器で評価される重要度は，リスクとは異なる指標である．

各機器は評価された重要度に応じて保全方式が選択される．保全方式は，一般的に図2.3のように分類される．

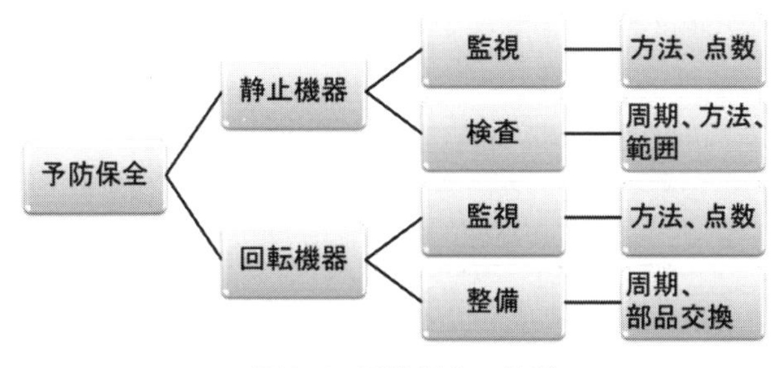

図 2.4　予防保全の分類

重要度の低い機器は事後保全が選択され，重要度の高い機器は予防保全が選択される．一般にプロセス型プラントでは予防保全の比率が高くなり，複数の系列を持つ加工型プラントでは，事後保全の比率が高くなる傾向がある．

予防保全を選択された機器について，機器の種類や重要度に応じて，監視や検査や整備の周期やその範囲や方法を決める保全計画が策定される．その分類を図 2.4 に示す．

個別機器についての保全計画の策定にも，現状では標準化が進んでおらず属人的な策定となっている課題がある．RBM における設備管理システムは，図 2.2 に示した設備管理システムの構成と基本的には同一である．しかし，以上の述べた現状の設備管理システムの種々の課題を解決するために，RBM による設備管理システムの構築が目指されている．

2.3　時代背景変化への対応

日本の大型の装置産業においては，図 2.2 に示す設備管理システムが構築されている．このシステムが不十分でも，多くの経験を積んだ技術者群に支えられ，設備の信頼性が維持されてきた．

しかし日本の装置産業は，2007 年問題に代表される急速な世代交代，多くのプラントが建設以来 30 年以上を経過し老朽化の進行，および世界的競争の中での設備維持コスト削減への圧力といった諸課題に直面している．これらの課題は，欧米の装置産業にも共通性があり，その解決策の一つとして

RBI や RBM が構想され，構築されて来たと考えられる．

RBM に基づいた設備管理システムを構築することにより，リスクを定量的に評価するための種々の方法論（マニュアル）が技術標準として整備され，これが技術伝承や普及のための基盤となる．特に，保温材下の外面腐食や長時間側のクリープなど，設備の長期使用に起因する現象に関する評価方法を明確化することにより，設備老朽化対応が適切に行われることが期待される．また，リスクに応じた保全計画が実施されることにより，信頼性を損なわずに設備管理コストの最適化が可能となることが期待される．

2.4　RBI/RBM の現状の課題

現状で RBM を適用する場合に，以下の課題がある．

a. 種々の寿命現象に関する発生可能性評価方法

b. 種々の結果要因（爆発火災，環境，労災，経済性）に関する合理的な影響評価方法

c. 種々の寿命現象に関する最適な保全計画策定方法（検査，監視，補修等）

d. リスクに応じた費用を含めた対応策選択の基準

これらに関しては，共同検討や情報の共有化により，RBM 適用における要素技術の構築を図っていく必要がある．

2.5　RBI/RBM による検査周期の検討

RBI/RBM が海外で普及したのは，以前から規制緩和の下，稼働率の改善（計画外停止の削減）を主目的に適用したからであるが，安定した操業が可能になった後は定期検査周期の延長を判断する指標として用いられる．受容可能なリスクを考慮すれば，高リスク部位に着目してリスクを下げるのは当然だが，一方で無駄な検査やメンテナンスを削減することも可能になってきた．その結果，コスト削減が各分野で確認されている．

海外では定期検査周期の延長のための指標として RBI/RBM が適用され

ているため普及しやすい状況にある．しかし日本では1997年4月1日に高圧ガス取締法が高圧ガス保安法と改称され，技術の進歩への適切な対応，自主保安のインセンティブ付与，国際整合性などを主眼に規制の見直しが行われた．この際，特定施設の保安検査や変更完成検査における自主検査制度が導入され，所定の用件を満たすことで認定を受けた事業者は都道府県知事に代わって自ら法定検査を自主検査として実施することが可能となった．これにより検査周期は最長4年まで延長されているが，さらに劣化損傷の発生の可能性や余寿命により検査周期や方法を見直す検討もなされており，腐食の恐れが無い貯槽においてはその管理状態に応じて10年から13年の保安検査周期が設定されている．

こうした動きは，技術的に劣化，有害な損傷の発生が無いことが担保されており，かつ検査等の管理，診断業務が十分にマネージメントされていることが条件とされている．したがって，ここに単にリスク評価の結果をあてがっただけでは，検査周期延長が法的に認められると言う状況ではない．

また，評価されたリスクを検査周期にどのような基準で対応させるかの議論は積極的には行われておらず，さらには，保安は確定論的な基準に基づいて管理されており，ここにリスクを基準として持ち込むには，例えばALARP† のような判断の基準が必要となる．しかし，現状の認定事業者審査において機器･設備ごとの検査の優先順位を決める指標として「機器の重要性」(リスクの影響度に相当）と「機器の劣化度」(損傷発生確率に相当）の相関を用いることは受け入れられており，リスクの考え方が全面的に否定されているわけではない[1)]．

2.6 日本における検査周期の設定と維持基準

圧力設備の設計段階ではASME Code Sec Ⅷ Division 1やJIS B 8267のような設計基準が用いられる．しかし，設備の供用を開始した後は，供用後の検査や運転記録に基づく設備に関わる損傷や詳細な使用条件に関する情報も

† “as low as reasonably practicable” の略．リスクは合理的に合理的な範囲で出来る限り低くしなければならない．

集まっているため，設計基準ではなく設備の維持基準に基づいて検査後の設備供用の可否は判断すべきである．

アメリカでは石油精製設備に対してAPIで維持基準の体系が構築されており，またASMEからはもう少し幅広い設備を対象とした後述の4.1.1に示すような「Post construction standards」が提供されている．RBMもこうした設備維持基準の一角を占める方法という位置づけである．

FFS（Fitness for Service）は日本では「供用適合性評価」と呼ばれているが，設備の供用過程で減肉やき裂状の損傷が発見された場合に，力学的な手段により損傷を有する設備の供用の適否を判断する方法である．FFSは維持基準の中核をなす基準ではあるが，これ単独で設備が維持できるわけではなく，例えばAPIやASMEが構築しているような，体系化された技術とその基準が必要である．また現段階ではAPI等で基準化されているRBMは確率論的な手法を，またFFSは確定論的な手法を基準としているが，例えば漏洩の発生確率評価においてRBIとFFSの手法をコンバインするための検討も行われており，統一された確率的な基準で統合されることにより，合理的な設備の余寿命評価や検査周期の設定が可能になることが期待される．

日本における石油，化学設備を対象としたFFSに関わる民間規格には，日本高圧力技術協会の「Z101-1：2008 圧力設備のき裂状欠陥評価方法—第1段階評価」，「Z101-2：2011 圧力設備のき裂状欠陥評価—第2段階評価」，石油学会の「JPI-8S-1-20012 配管維持規格」，「JPI-8S-2-2009 設備維持規格」，「JPI-8S-3-2008 回転機維持規格」，「JPIS-8S-4-2010 電気設備維持規格」，「JPI-8S-6-2010 屋外貯蔵タンク維持規格」，「JPI-8R-11-2009 防食管理」，「JPI-8R-12-2009 劣化損傷の評価と対応」，「JPI-8R-13-2009 検査技術」，「JPI-8R-14-2007 耐圧気密試験」，「JPI-8R-16-2009 溶接補修」，「JPI-8R-17-2009 ホットスタート」などがある．

また高圧ガス保安協会においては石油精製，石油化学設備の余寿命予測と，これによる検査周期の合理的な設定のために「KHK/PAJ/JPCA S 0851（2009）高圧ガス設備の供用適正評価に基づく耐圧性能及び強度に関わる次回検査時期設定基準」を刊行したが，平成23年3月24日付の経済産業省の内規改定により，この基準の適用は認定保安検査の次回検査時期を決める場合にのみ可能で，かつ予測に必要な検査回数や予測の範囲について，いくつかの保守的な修正が加えられているので使用には注意が必要である．なおこの基準においてカバーされている損傷モードは減肉，き裂状欠陥，クリープ損傷，水素侵食である．

2.7　RBM/RBI 導入に関する世界の動向

国際的な観点から RBM の適用状況をみたのが図 2.5 である．主観的ではあるが，①進んでいる・実績あり，②着手段階，③検討段階の 3 レベルで評価した．RBM の規格・基準についても同時に示してある．日本とロシアのみ白色で示したが，日本は一部適用あるいは試行の実績があるものの，未だ定着したとは言い難い．海外のように定期検査間隔の延長に直接 RBM が使えていないというのも理由の一つである．しかし，規格（HPIS-Z106, 107）が普及することにより近い将来，欧米なみになることを期待したい．ロシアについては，筆者が約 15 年前に RBM のプレゼンテーション，宣伝資料の配布をした時の印象から判断したものである．それ以後の変化があれば今後修正する．各地区の色分けは，主観的に行ったが振興地（南米，インド，イ

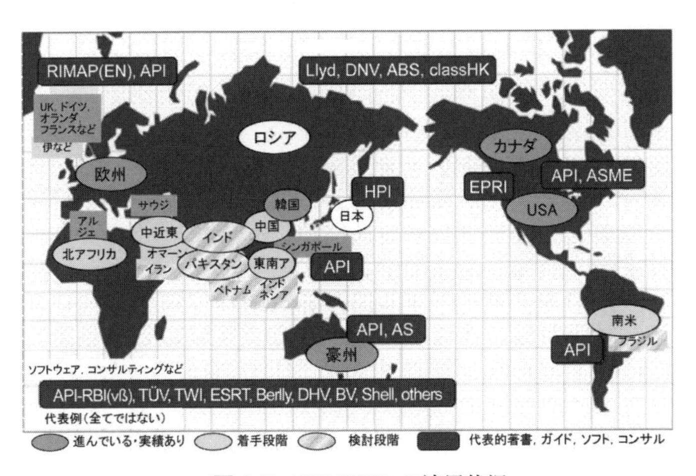

図 2.5　RBI/RBM の適用状況

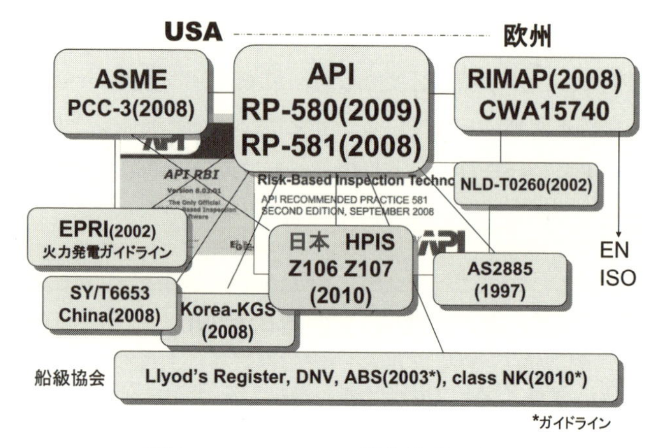

図2.6　RBI/RBMの規格体系の概要

ランなど）は，欧州コンサルティング会社（TWIなど）のホームページまたは，直接入手した（TÜV，AEAなどから）情報から判断したものである．石油精製プラントや発電設備を抱える東南アジア，中近東（イランを除く）は欧米のコンサルティング会社が参入し，RBI/RBM（主として検査マネジメント）を請け負って行った例が多い．

図2.6は，規格体系を表したものである．やはり，ASMEとAPIを中心にした体系であり，欧州RIMAP，日本，豪州という体系である．中国，韓国も既に本格導入の方向である．

現状は，API-RP580またはAPI-RP581に準拠していることが要求されるが，日本でのHPIS規格の早急な普及が望まれる．

以下に，各地区の概要を示す．

2.7.1　米　国

米国では，既に1980年代より合理的な検査計画としてRBIの検討がされてきており，リスクを基準にした考え方は浸透している．石油精製，石油化学，アンモニアプラント，貯蔵プラント，尿素プラント，船舶，パイプラインなど幅広く適用されていると考えられる．ただし，その実績や内容については必ずしも十分公表されてはいない．現在，ASME（PCC規格）および

API（RP581，RP580 その他 RP584 など）を中心にさらなる改良がされており，LCE（Life Cycle Engineering）の考え方が導入され，ASME 規格および API 規格の改良や新設が進められている．詳細は第 4 章で示す．

2.7.2 欧　州

欧州では，RIMAP プロジェクト後，EN16991 draft for vote, Risk Based Inspection Framework（RBIF）の審議が行われつつある．API-RP580 と同様，RBI/RBM の考え方を述べているが，より広い産業分野へ適用する Work Book が開発される方向である．欧州はリスクに関する考え方は進んでおり，オランダでは古くから圧力容器の設計基準に RBI を導入している．また，図 2.7 は 2004 年当時の欧州の RBM 導入状況を示したものである．2008 年にはそれまで否定的だったイタリアが設備の検査手法や検査間隔の考え方を国として導入することを決めた．これにより欧州主要国は RBI/RBM の導入を積極的に行うことになる．

なお，RBI/RBM を扱うコンサルティング会社（TWI，AEA，TÜV，DNV など）は独自で世界中に RBI/RBM のビジネス展開をしている．例えば TÜV は，自国（ドイツ）はもちろん欧州各国および韓国，東南アジアなど単発的あるいは操業開始以来継続的に相当数の RBI/RBM ビジネスを展開している．

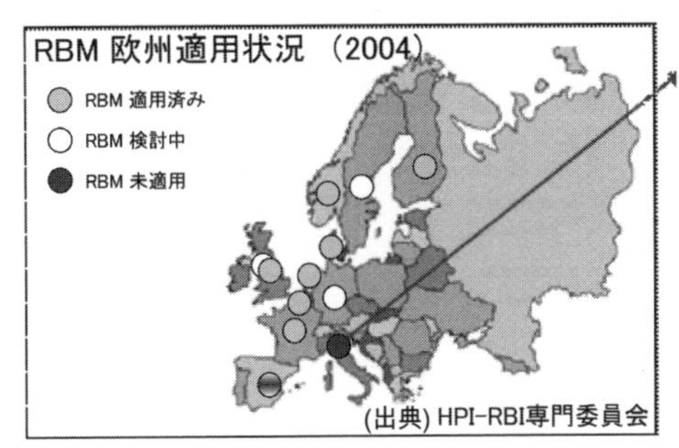

2008年
イタリアの例（受け入れ）
検査の種類と検査周期を
RBIに従う動き（記;富士）

【参考;Vincenzo Correggia, The RBI approach and the Italian legislation in the laid derogations of mandatory periodical inspection, API RBI ITALIAN WORKSHOP, 2008年10月】

図 2.7　RBI/RBM の導入に関する欧州の状況（2008 年時点）

2.7.3 豪　州

豪州，ニュージランドは，古くからリスクの考え方を導入しており，パイプライン規格や土木関連設備についても積極的にRBIの導入を図っている．過去，広大な国土に敷かれた石油パイプラインの事故が多く，これがRBI導入のきかっけになっている[2]．

2.7.4 東アジア

中国は，RBI/RBMに着目し既に2000年から欧州へ技術者を派遣して専門家を育成してきた．中国工業規格としてSY/T6653-2007，国家規格ガイドライン，RBIソフトウェアが構築済みである．中国では産業事故が多く設備の稼働率も極端に悪いため，その改善が目的である．国家事業としてRBIを推進しており，2008年には145設備の石油化学プラントに適用した結果も公表している．中国では，産業資本だけではなく社会資本，インフラへも幅広く展開する計画である．

韓国は，2003年に日本に遅れて導入の検討を開始した．KGS（Korea Gas Safety Corporation）により，圧力設備，石油精製，石油化学設備などのRBMによる運用基準が，KEPRI（Korea Electric Power Research Institute）により発電設備のRBMと設備運用基準が構築され，その運用が開始されている．

日本は，企業が個別に導入検討を行ってきたが，2001年にHPI（日本高圧力技術協会）にRBM専門研究委員会が発足し，実用的観点で長期の継続的な活動により2010～2011年にRBM規格（HPIS Z106およびZ107-TR）を発行した．また，2007年に日本学術振興会リスクベース設備管理180委員会が発足し学術的な面からも活動が行われている．

両組織が協力して，国内の普及発展に貢献することを望む．

2.7.5 東南アジア

東南アジアでは，シンガポール，マレーシア，インドネシアなどの石油精製，化学，火力発電関連で欧州エンジ会社（TWI，AEA，TÜVほか）が参入し，請負の形でRBI（検査マネジメント）を導入している．特にシンガポールなどでは設備の稼働率が民間会社の競争の指標にもなっており，安定した運用をするためにも RBI/RBM が貢献している．

2.7.6 中近東

新規プラントの建設には，RBI/RBM 技術のポテンシャルを要求されることがある．また，サウジアラムコ（サウジアラビア国営会社）では，多くの石油精製設備の運用に RBI を適用している．サウジアラムコは API-581（ソフトウェア）のユーザメンバーでもある．

2.7.7 その他

a) インド，バングラデシュ

TWI がセミナーを開催するレベルであり，それ以上の情報はない．

b) アフリカ

やはり欧米あるいは日本からのエンジニアリング会社あるいはメーカが RBI/RBM の適用を図っている．アルジェリアで大型石油ガスプラントへ RBM を適用した例がある．

c) 南　米

南米においても多くの石油精製，石油化学などのプラントが稼動している．そのため早くから TWI がブラジルで RBM セミナーを開くなど売り込みをしていたが，2011 年にはチリ（ベネズエラ）から石油精製への RBI の適用事例が PVP 国際会議で発表されている[3]．

以上，国内外の RBI/RBM に関する動向の一部を示した．

設備産業の取るべき方策としては，経年劣化の進んだ旧設備を廃棄し最新性能の設備を建てる，いわゆるスクラップアンドビルドが理想であるが，中国，ベトナム，インドなどを除いて国内需要の伸び悩みもあり，企業は新規プラントを建てる経済的状況にない．

輸入品との競争の激化から製造コストの一部である修繕費あるいは更新に掛かる費用をますます切り詰める必要に迫られる．加えてこの産業を支えてきた高い能力を持ち，過去のトラブルから多くの知見を蓄えた経験豊富な設備管理要員（ベテラン）の高齢化が急速に進んでいることや，これらベテランが長年にわたって蓄積してきた設備管理技術の継承が充分行われていないのが現状である．

2.8 RBMと保険

海外では産業界にRBMが普及していることもあり，保険のリスク評価でも，RBMをリスク評価項目の一つとして取り入れている．ロンドンの保険マーケットでは，保険を引受けるに際して，保険会社やブローカーが独自の評価制度をもって，プラントのリスク評価を行っている．図2.8は，あるブローカーのリスク評価の考え方をあらわしたものである．

リスク評価は，監査（auditing）ともいわれているが，図にあるように次のような項目で評価する．

「1.0 説明（ Exposures)」は，そのプラントが，その土地，その気候で，生産活動をするにあたって，生来晒されている自然災害，危険物，利益損害などのリスクを評価する．その中で「2.0 設計と建設（Design and Construction)」，「3.0 運転（Operations)」，「4.0 メンテナンスと検査（Mainte-

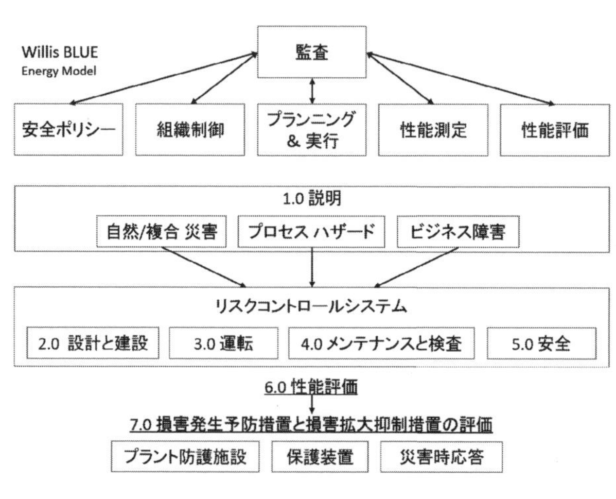

図2.8　リスク評価の考え方

nance and Inspection)」,「5.0 安全（Safety)」をどのように管理している仕組みがあるかを評価する.

そのうえで，これらを「6.0 性能評価（Performance Measurement)」で実績評価し，最後に,「7.0 損害発生予防措置と損害拡大抑制措置の評価(Loss Control and Mitigation Measures)」で，損害発生予防措置および損害拡大抑制措置を評価する.

RBMにおけるリスクをコントロールするしくみ，およびその実績の評価については,「4.0 メンテナンスと検査」の項目で評価することになる．各項目は，さらに細かい細項目で評価スコアにより評価するが，API 579, API 580, API 581の要件を満たしているかなどが評価項目に含まれている.

ロンドンの保険マーケットも，産業界にRBMが導入され始めた1990年代の初頭には苦い経験をしたようである．その頃は，RBMを導入しているプラントはリスクが良好に保たれたプラントであるという妄信があったようであるが，そのようなプラントでも大事故が続き，リスク評価で重要なのはRBMを導入しているか否かではなく，RBMをどのように運用しているかにかかっているということを学んだという．そして，プラントを訪問して，上記のようなリスク評価を行うことに力が注がれるようになった.

RBI/RBMの目的は，不確定要素が多い余寿命予測だけではなく，検査・メンテナンス計画をリスクの観点から最適化することにもあり，RBMの高度な運用によりリスクがコントロールされていれば，理論的には保険料を低減させるインセンティブが働くものと考えられるが，保険料は上記の様々な項目についてのリスク評価を統合したものがベースとなり，また，保険市場における自由競争のもと，ブローカーを仲立ちとして，契約者（保険の買い手）と保険者（保険の売り手）により決定されるものであることも留意しておく必要がある.

RBMが対象とするリスクコントロールは，日常の使用または運転に伴う消耗，劣化を測定，データベース化し，余寿命を予測して，検査の周期や精度を決定し，効率的で安全度の高いメンテナンスを行うものである．プラントオーナーが付保するプラントの財物保険については，火災・爆発を主要担保危険とするいわゆる火災保険から，最近では，もっと担保危険を拡張した電気的，機械的事故，その他偶然な事故を担保するオールリスク保険へと変遷している．但し，オールリスク保険でも，日常の使用または，運転に伴う消耗，劣化は免責となっており，すなわち，腐食，侵食，キャビテーション，き裂，ボイラースケールなどの事由に起因して，その事由が生じた部分に発生した損害は，免責となっている．しかし，保険条件にもよるが，一般的には，そこから波及した担保危険による損害は担保されている．例えば，腐食による配管のき裂からガスが漏洩し，火災，爆発損害が発生した場合は，き裂による配管の損害は免責となるが，火災，爆発事故による損害は担保されることになり，カタストローフ的な損害は担保されることになる．

■ 2章文献 ■

1) 千葉県高圧ガス保安協会，自主保安管理指針，2005
2) P. Tuft, Pipeline Risk Management, Australian Best Practice, PVRC Conference on RISK, Houston, 2005
3) I. V. Fernandes, Application of RBI method to increase the efficiency of furnace B-1201 belonging to ENAP Aconcagua refinery, CHILE, P. of the ASME 2011 PV&P Div. Conf. PVP2011 July 17-21 2011 Maryland

3 RBMの基本的な考え方

3.1 リスクの定義

リスクベースメンテナンスにおけるリスクの一般的な定義は，次式で与えられる．

$$\left(\text{リスク}\right)=\left(\text{損傷確率}\right)\times\left(\text{影響度}\right)$$

従来，故障や損傷が起きた場合にその発生率を重視して検査やメンテナンスを行ってきたが，RBMでは故障や損傷が生じた時の影響度または被害の大きさを考慮する．リスクの大きさにより設備や機器の相対的な重要度が比較できることになる．

ところが，損傷確率と影響度の取扱い方法は様々である．一般に損傷確率を与える損傷データベースの整備が不十分の場合が多く，機能の損失を表す故障，重大事故における漏洩，破断など損傷の捉え方も異なる．損傷確率のデータが整備できない場合は，定性的あるいは半定量的な取扱いを行い，“損傷の起こりやすさ（Likelihood of Failure，LOF）”と称することがある．

ここで，二段階で考えてみる．

特定の影響度事象[††]に対するリスクは次式で求められる．

$$\left(\begin{array}{c}\text{特定の影響度事象}\\\text{に対するリスク}\end{array}\right)=\left(\begin{array}{c}\text{影響度事象が}\\\text{発生する確率}\end{array}\right)\times\left(\text{その影響度}\right)$$

ただし，データベースから得られるのは損傷モードに対する発生確率である．したがって，ある影響度の発生確率は，次式を用いなければ計算できな

†† この語は文献1)「リスクベース工学の基礎」で使われているが，規格等で用いられている術語ではない．「(特定の）影響度に関する事象」を，簡潔な語で記述している．

い．

$$\left(\begin{array}{c}\text{影響度事象が}\\\text{発生する確率}\end{array}\right)=\left(\begin{array}{c}\text{原因となる損傷モー}\\\text{ドが発生する確率}\end{array}\right)\times\left(\begin{array}{c}\text{その損傷が発生した場}\\\text{合に想定される影響度}\\\text{事象が発生する確率}\end{array}\right)$$

損傷が発生した場合に影響度事象が発生する確率（本来損傷が生じた際の影響度事象が発生する確率）は条件付き確率であり，それを求めるには，イベントツリー解析（ETA）または相応の数学的手段が必要になる（多くの場合専用ソフトウェアを利用することになる）．しかし，一般には厳格な意味で運用されているわけではない．ほとんどの場合，損傷モードが発生する確率という意味から損傷確率で代表させている．定性的あるいは半定量的な取扱いを行い“被害の大きさ”と称することもある．

上記のような取扱いが可能になるのは，“リスク”がもともと相対的な指標であることを示している．図3.1[1)]は，リスクの概念を表したものだが，リスクが大きい側が危険，リスクの低い側がより安全の領域を示している．成功と失敗も同様な考え方ができる．両者の境界をリスクの許容値とすると，この許容値を決める行為がリスクマネジメントになる．リスクの計算方法は様々であるが同じ計算方法あるいは評価方法を用いる限り相対的な評価が可能であるため，その条件下でリスクの大小を議論することができる．一

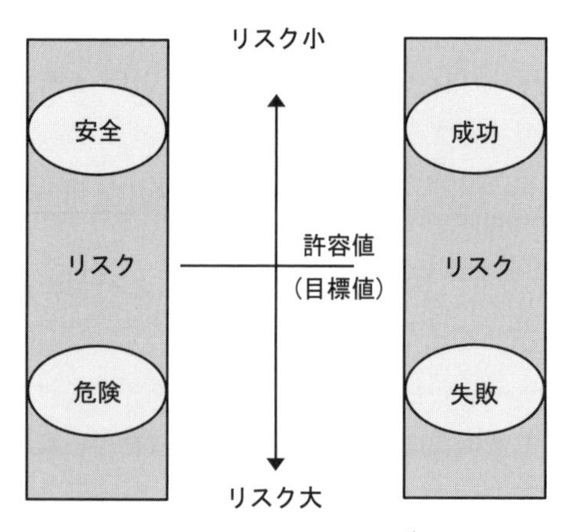

図3.1　リスクの概念[1)]

般に受容できるリスク許容値は当該設備の関係者によって決定される．

なお，上記でリスクの定義として示されている以外に，ISO/IEC 規格でも定義されている．この定義は，ISO 規格，IEC 規格においてリスクを扱う場合に適用される．

ISO/IEC GUIDE 51 でのリスクの定義：危害の発生確率及び危害の程度の組合せ

この定義においても，リスクが発生頻度（発生確率）と被害の大きさ（重篤度）の組合せであることは，上記の定義と共通している．

また，リスクとハザード（危険源）は，明確に区別されることに注意しなければならない．

3.2　リスクマネジメントの定義

リスクマネジメントとは，リスクという指標に基づいて管理する行為のことであり図 3.2 のように分類できる．

リスクアセスメントの結果に基づきリスクへの対応を行う．その際，リスクの許容レベルを定義してリスクを受け入れる．

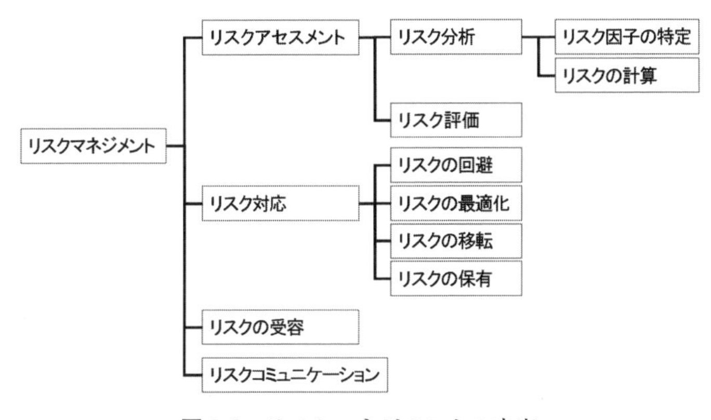

図 3.2　リスクマネジメントの内容

リスクマネジメントでは，リスクアセスメント→リスク対応→リスク受容の一連の作業を行うが，可能な限りハザード（危険源）や要因を探りだし，専門家の意見を聴取して評価の精度を高める．対象設備に対する関係者間のリスクコミニュケーションが重視される．

リスクアセスメントは，ハザードの抽出とリスク要因を洗い出しリスク分析を行ってリスク評価をする過程を示す．ハザードの抽出については，次項で説明する．

リスクが分析・評価された後にリスクへの対応を行う．リスクへの対応は，一般には回避，移転，削減(最適化)，保有の4種類である．

リスクの回避とは，例えば設備・機器・部位を取替え，危険が予想される事項を避けることである．

リスクの最適化とは，リスクの受容値を決め可能な限りそれに近づけることである．

リスクの移転とは，通常保険により被害を補填することである．

リスクの保有とは，危険の存在を知りながら，処理手段が無いが損失は小さいと判断する場合，あるいは気づかずにリスクを保有してしまうことである．

3.3　ハザードとは

リスク評価は，ハザード（危険源）を抽出してリスクを定量的に評価する作業のことである．また，ハザードは危険や困難を引き起こす原因または要因のことである．特に工学におけるハザードは「人的被害，物的被害または環境被害を引き起こす可能性を有する潜在的危険要因」と定義されている．従って，ハザードを漏れなく特定してリスク評価を円滑に行う必要がある．人工的な機器，構造物，およびソフトウェアにおけるシステムを特に工学システムと称する．

ハザードには，表3.1に示すように直接的に事故を誘発する要因である本質ハザード[†††]が存在する．現代の工学システムでは本質ハザードに対処する設計，製造，運用がなされており，本質ハザードが存在しても直ぐに事故

表 3.1 工学システムの事故事象と本質ハザード例

本質ハザード	事故事象
高圧	漏洩，破裂
高温	火災，爆発，やけど
高速	暴走，破壊
毒性物質，放射性物質	人的被害，環境被害
高所	落下，墜落
加荷重	崩壊

に結びつくものではない．

本質ハザードが事故を誘発する事例として，例えば 1840 年代の欧州の鉄道があげられる．1825 年鉄道開業時の列車速度はせいぜい 16km/h 位であったが 1840 年になると 96 km/h にも達するようになった．そこで，それまで予想されなかった大規模な列車事故が 1842 年 5 月にフランスで発生し，乗客 57 人が死亡した．すなわち，本質ハザードとして開業当時は無かった“高速”要因が現れ，予想できなかった車軸折損が脱線転覆・火災を招いたのである．それ以後，研究，設計，製造，運用により工学システムが機能してきたが，現在でも本質ハザードが関係した多くの重大事故が起きているのは周知の通りである．例えば，イタリア・セベソでのダイオキシン放出事故（1976 年 7 月 10 日）は，毒性物質という本質ハザードより，人体影響（遺伝形質への影響）や環境汚染（土壌汚染）に至った事故である．

リスク評価では，この想定外の事象を避けるために，保守的で最悪のシナリオを検討することが必要となる[1)]．

3.4 ハザードの特定[1)]

リスク評価では，事故や損傷を誘発する可能性のあるハザードを特定する

††† この語は文献 1)「リスクベース工学の基礎」で使われているが，規格等で用いられている術語ではない．または，「本質ハザードは，直接的に事故を誘発する要因」で，対になる語として「ハザード」が示され，「その対処に阻害を及ぼす要因」と定義されている．本書 3.4 参照．

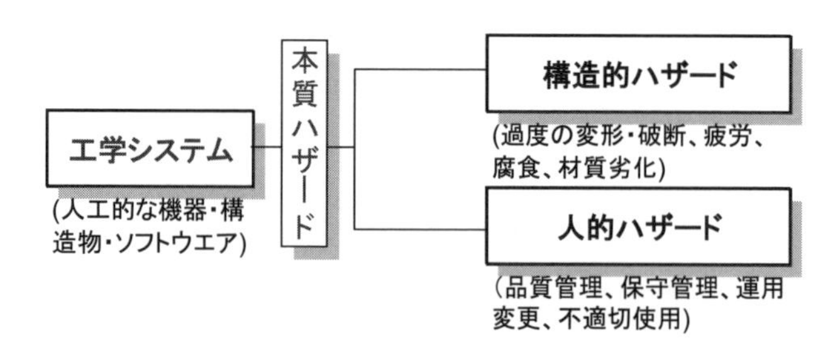

図 3.3　工学システムにおける構造的及び人的ハザード

必要がある.

工学システムでは本質ハザードを積極的に利用して機能を発揮しているが，その対処を阻害する要因がハザードであり，図3.3に示すように構造的ハザードと人的ハザードに分類される.

構造的ハザードに対しては，機器の設計，製造，運用，管理において要求性能，使用条件を考慮して破壊，損傷を防止する．代表的な構造的ハザードとして，破壊（脆性破壊，疲労破壊など），腐食（全面腐食，局部腐食，水素侵食，応力腐食割れ，エロージョンなど），経年劣化（焼戻し脆化，吸水劣化など），振動（流体振動，液面振動など）などがあげられる.

RBMでは，これらは損傷メカニズムの特定または損傷スクリーニングという手順の中で検討される.

人的ハザードについては，設計不良（復元性能不足），保守管理不備（ねじの緩みなど），検査不備，管理不良（マニュアル改訂），作業ミス（手順書不履行），判断ミス（事象の誤解），コミニュケーションエラー（通信障害，勝手な判断），想定外の使用（不安全使用，マニュアル不履行）などがあげられる.

人的ハザードには，一方でモラルハザードという用語が含まれる．モラルハザードとは，もともと保険の業界で使われた用語だが，保険に入ることにより事故への注意が散漫になる，シートベルトをすることによりスピードを出すなど人の意識・倫理が変化する状態を言い，ヒューマンエラーに繋がることが考えられる.

一般に，ハザードの特定，洗い出しには以下のような方法が用いられている．

a. PHA（予備的ハザード解析）
b. FTA（フォールトツリー解析）
c. ETA（イベントツリー解析）
d. FMEA（故障モードと影響解析）
e. HAZOP（ハゾップ）など

これらは，リスク評価の際にも有効に利用されている．

3.5　リスクは相対的な指標

リスクは相対的な指標であることを注意する必要がある．（図 3.4）リスクの計算を構成する破損確率と影響度は定量的に表すのが理想だが，その場合でも RBM の評価手法が異なる場合はリスクの値を直接比較することはできない．あくまで，対象とした設備の中で，種々の部位材の相対的なリスクとして評価する．その中でリスクが大きい部位は，優先的に検査・メンテナンスが必要になる重要部位または部材という評価が可能になる．ただし，設備全体の特徴，劣化状態を把握し比較する場合は，定性的評価としてリスク分布を比較してもよい．

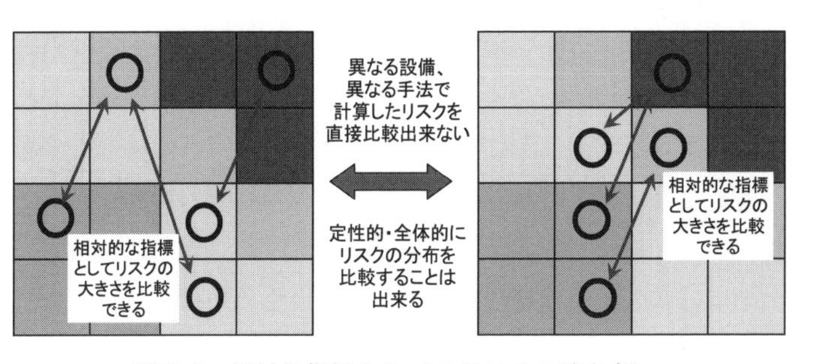

図 3.4　相対的指標としてのリスクの取り扱い

3.6 標本統計学とベイズ統計学

工学的なリスクは一般的には次式で定義される．

$$\left(\text{リスク}\right)=\left(\text{影響度}\right)\times\left(\text{破損確率}\right)$$

破損確率と示したが，ここではある影響が生じる事象の発生する確率を破損確率と定義する．

$$\left(\text{リスク}\right)=\left(\text{影響度}\right)\times\left(\begin{array}{c}\text{（その影響度を与える事象の）}\\\text{発生確率}\end{array}\right)$$

リスクの評価には客観的に事象の発生確率を評価する必要があり，RBMに関する規格ではこれにベイズ統計が活用されている．ベイズ統計による手法の特徴は「ある命題に対しその命題が真である確率」を計算することである．すなわち，何を原因として検査データが出力されたかであり，その確率を計算することを計算することを目的に活用されている．本節ではベイズ統計の基礎理論およびRBM規格における活用法に関して概説する．

3.6.1 標本統計学とベイズ統計学

従来の頻度主義的な標本統計学では，多数のサンプル（標本）の採集による頻度分布の導出・活用に焦点が当てられており，有限回の試行から近似的に算出された確率分布を用いている．破損確率とは母数に対してどれぐらいの頻度で破損が発生するかを示す確率だが，頻度主義的手法では過去の標本から残留強度や限界状態関数等の確率分布を推定し，破損確率を評価する．破損が起こる限界は，図3.5に見られるように，いずれの場合も分布の裾野で生じ，推定精度を向上させるには，この分布の裾野の精度を向上させることが必要である．しかし得られる多くの検査データは標準的な結果の観測であり，大半は分布の中央近傍に出現する．そのため，精度の向上のためには中心付近ではなく裾野近傍の例外的なデータを含む膨大なサンプルが必要となり，数回の検査の実施によるデータ追加では，大きな効果を得ることは困

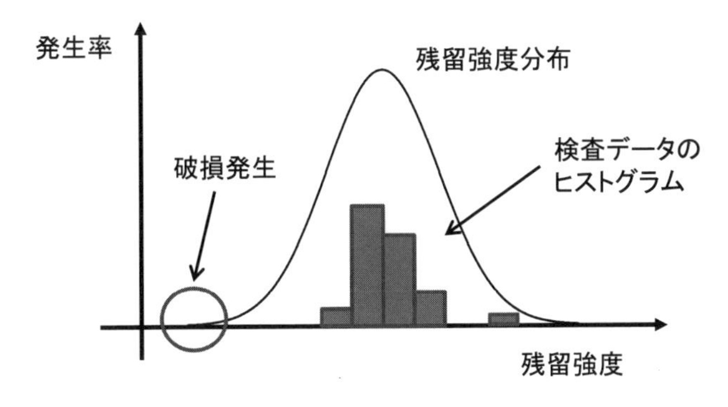

図 3.5 頻度主義的手法

難である．

一方，ベイズ統計による手法（以降ベイズ法とする）の特徴は「ある命題に対しその命題が真である確率」を計算することである．構造物の検査に言い換えると「検査データ A が得られた際に，原因が H である確率」を評価する手法であるということである．すなわち原因の確率，観測された検査データが，何を原因として発生したかを推定するための手法といえる（このため逆確率とも呼ばれる）．この際，原因の候補は評価者の主観に基づき決定される．候補を，補修の要不要の判断基準（例えば「肉厚 3mm 未満，以上」など）と合わせることも可能であり，メンテナンスの意志決定との親和性が高いことに特徴がある．しかしながら，得られる結果は主観的に定めたその候補の分割により異なり，評価者毎にある程度異なる結果を示す．そのため，ベイズ法による確率は「主観確率」とも呼ばれる．

ベイズ法のイメージを図 3.6 に示す．確信度とは各候補が正しいと考える確信の強さである．各候補均等でも不均等でも良い．図はある検査の結果，原因 H_1 で起こりやすい結果が得られた場合の，確信度の更新を示している．H_1 を原因として起こりやすい結果が得られたため，H_1 の確信度が上昇し，その他が減少している．ベイズの定理による確信度更新の具体的手順は以降に示すが，検査，すなわち標本の採取毎に各候補の確信度を更新していくことで，1 標本からでも推定精度を向上させることが出来，少ない標本数

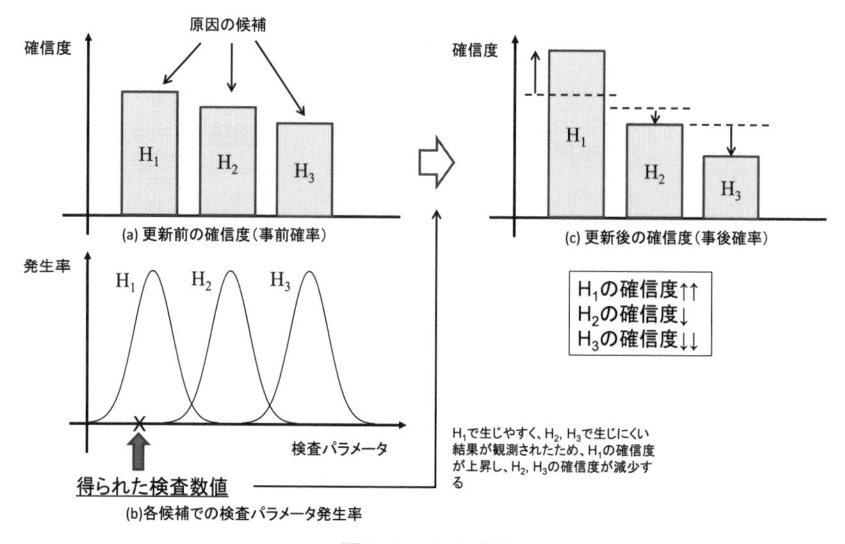

図 3.6　ベイズ法

でも大きな効果を得ることができる．また，初期の確信度として他の機器での結果や文献データ等過去の資産を利用可能なことも特徴的である．

3.6.2　ベイズの定理

ベイズ法の基礎原理であるベイズの定理の一般式は次式となる．

$$P(H_i|A)=\frac{P(A|H_i)P(H_i)}{\sum_{j}^{n} P(A|H_j)P(H_j)}$$

A，H_i は何らかの事象である．なお，$H_1 \sim H_n$ は互いに背反で，かつすべての場合を包含する．

$$P(H_1 \cup H_2 \cup \cdots \cup H_n)=1$$

$P(H_i)$ はそれぞれ事象 H_i が生じる確率であり，事前確率（prior probability）と呼ばれる．$P(A|H_i)$ は H_i が生じた際に A が生じる条件付き確率である．左辺の $P(H_i|A)$ は事後確率（posterior probability）と呼ばれ，事象 A 下で H_i が生じる条件付き確率，すなわち事象 A が事象 H_i が原因で生じた

原因の確率を意味する．以下に例題を示す．

例 1：ある損傷を検出する検査法について考える．構造に損傷が生じている事象を H_1，構造に損傷が生じていない事象を H_0 とし，検査により損傷が検出されたという事象を A とする．検査の精度は 100%ではなく誤評価がある場合，検査で損傷が検出された場合に実際に損傷が有る確率を求めよ．なお表 3.2 に示すように，損傷の発生率は 1/1000，無損傷の構造を損傷有りと誤評価する確率は 1/1000，損傷のある構造を無損傷と誤評価する確率は 1/10000 とする．

表 3.2 検査の信頼性

	$P(H_i)$	陽性	陰性
無損傷 H_0	1−0.001	0.001	1−0.001
損傷 H_1	0.001	1−0.0001	0.0001

解)

無損傷を H_0，損傷を H_1 とすると，事前確率はそれぞれ下記となる．

$$P(H_0)=0.999,\quad P(H_1)=0.001$$

また，それぞれの状態で損傷が検出される確率は下記である．

$$P(A|H_0)=0.001,\quad P(A|H_1)=0.9999$$

ベイズの定理に代入すると，損傷が検出された際に実際に損傷が有る確率は下記となる．

$$P(H_1|A)=\frac{P(A|H_1)P(H_1)}{P(A|H_0)P(H_0)+P(A|H_1)P(H_1)}$$

$$=\frac{0.9999\times 0.001}{0.001\times 0.999+0.9999\times 0.001}\cong 0.500$$

表 3.2 を見る限り十分な検査精度に見えるが，損傷の発生率がかなり小さいため，損傷が検出された際の実際に損傷が有る確率と無い確率はほぼ半々であり，あまり有効な検査とはいえないことがわかる．

例2：例1において損傷の発生率 $P(H_1)$ と損傷の検出率 $P(A|H_1)$ は変わらず，無損傷時の誤検出率 $P(A|H_0)$ が可変である場合を考える．損傷検出時に実際に損傷が有る確率を $P(H_1|A)>0.95$ とする $P(A|H_0)$ の範囲を求めよ．

解）

$P(A|H_0)=F(0<F<1)$ とおく．先のベイズの定理に代入すると，

$$P(H_1|A)=\frac{0.9999\times0.001}{F\times0.999+0.9999\times0.001}>0.95$$

解くと $F<5.27\times10^{-5}$ となり，この損傷発生率の場合，かなり無損傷時の誤検出率が低くなければならないといえる．

3.6.3　ベイズ法の実施手順

ベイズ法による評価は次の手順で行われる．

a.　候補の選択

b.　各候補に対する事前確率の設定

c.　データの採集

d.　ベイズの定理を用いた事後確率の算出

まず，a. 候補の選択を行う．ベイズ法では，命題（または原因）の候補を設定し，各命題が真である確率を評価することが可能である．命題の候補は離散的でも，連続的でも良いがすべての事象を網羅している必要がある．しかし，候補の選択は，評価者の主観に基づいて決定が可能である．例えば検査の精度など，定量的に評価するのは困難であるが，高・中・低など離散的・定性的に分割することも可能であり，導入に対する障壁が低いといえる．ただし，この候補の選択により結果は影響されるため注意は必要である．

続いてb. 候補に対する事前確率の設定を行う．事前確率は各原因の候補の検査前の確信度を検査実施前の確信度を示す．適用対象と同一の機器での結果が無く設定が困難である場合は，他の類似機器や文献データも利用可能

である．図3.6に示した様に，事前確率からの更新を行うため，適切な事前確率を設定することが出来れば，少ないサンプルからでも高い精度での評価が可能となる．また，多数のデータが得られる問題に関しては，不適切な事前確率の設定を避けるため一様に設定するなどしてもよい．なお，原因の候補を図3.6のように離散的ではなく連続的に設定する場合には，事後確率の分布（事後分布）の形状が事前確率の分布（事前分布）に支配されるため，解析を容易にするため共役事前分布（事前分布と事後分布が同じ分布属に属する分布）を多くの場合用いる．データ採取前の事前準備は以上であり，データ採集毎に前述の事後確率評価を実施することで，各候補の確信度の更新を行う．

3.6.4　RBMにおけるベイズ法の活用～検査有効度～

損傷の進行速度（例えば減肉速度など）を予測する場合，文献や過去の検査データから推定するが，その後の検査の回数が多いほど，また検査の精度が高いほどその予測の精度は向上する．各種RBM規格では破損確率を導出する際，ベイズの定理を用いて検査の精度および実施回数から予測精度の評価を行っている．それらの規格内では検査有効度として示されているが，これはおおよそ次の手順で導出されている．

一例としてHPIS Z107では，減肉に関し予測された減肉速度に対する実際の減肉速度を表3.3のように分類している．確率は検査データが無い場合の確率であり，予測値以上である確率が50%，すなわち推定寿命以前に破損する確率が50%と定義している．前述の結果事象H_iの候補にあたり，事前分布に相当する．また，検査精度を高い順にHighlyからIneffectiveまで

表3.3　事前確率

状態	確率	減肉
1(H_1)	0.5	予測速度と同等かそれ以下
2(H_2)	0.3	予測速度の2倍以内
3(H_3)	0.2	予測速度の4倍以内

表 3.4　検査有効度のランク

実際の損傷速度のレンジ	Highly	Usually	Fairly	Poorly	Ineffective
計測値以下	0.9	0.7	0.5	0.4	0.33
計測値の2倍まで	0.09	0.2	0.3	0.33	0.33
計測値の4倍まで	0.01	0.1	0.2	0.27	0.33

の5段階に分類し，検査結果に対する真値の発生率を表3.4のように定義している．これは各精度の検査を実施した際に，計測値に対し実際の損傷速度（＝真値）がどのレンジに含まれるかの確率を示している．表は例えばUsually精度の検査を実施し減肉速度1［mm/year］を得た場合，実際の減肉速度cが$1<c\leqq 2$［mm/year］である確率が0.2で有ることを示している．

計測値＝予測速度とした場合に用いられるベイズの定理は次式となる．

$$p[H_i|a_1]=\frac{p[a_1|H_i]p[H_i]}{\sum_{j=1}^{n} p[a_1|H_j]p[H_j]}$$

a_1　1回目の検査結果

H_i　状態i

$p[H_i]$ 事前確率：速度が状態iである確率

$p[a_1|H_i]$ 状態iの場合に検査結果a_1が観察される条件付き確率

$p[H_i|a_1]$ 事後確率：検査結果がa_1であった場合に，状態がiである確率

n 状態数（この場合3)

もしUsuallyの検査結果，計測速度が1[mm/year]であった場合，状態1～3が原因である確信度は下記となる．

状態1：

$$p(H_1|a_1)=\frac{0.7\times 0.5}{0.7\times 0.5+0.2\times 0.3+0.1\times 0.2}=0.814$$

状態 2：

$$p(H_2|a_1)=\frac{0.2\times0.3}{0.7\times0.5+0.2\times0.3+0.1\times0.2}=0.140$$

状態 3：

$$p(H_3|a_1)=\frac{0.1\times0.2}{0.7\times0.5+0.2\times0.3+0.1\times0.2}=0.047$$

予想外の結果（状態 2,3）である確信度が減少し，検査の結果により破損確率は減少する．すなわち検査の結果，それぞれの状態である確率が変動し，計測値が予測値通りである確信度が高まる．

また，検査が複数回（k 回）行われた場合のベイズの定理は次式となる．

$$p[H_i|a_1,a_2\cdots a_k]=\frac{p[a_1|H_i]p[H_i|a_1,a_2\cdots a_{k-1}]}{\sum_{j=1}^{j=n}p[a_1|H_j]p[H_j|a_1,a_2\cdots a_{k-1}]}$$

a_m　m 回目の検査結果（$m=1,2,\ldots,k$）

2 回目以降の検査における事前分布は前回検査時の事後確率であり，有効な検査であれば，検査を繰り返すことにより，予測に対する真値のばらつきは縮小することになる（図 3.7）．

このようにベイズ法を用いることで，検査実施時に検査結果が何を原因として発生したか，その確率の評価を確信度として評価可能であり，意志決定法との親和性が高く，検査・メンテナンス計画を策定する RBM の各基準や規格に導入されている．また，検査のような少サンプルでもベイズの定理により確信度の更新ができ，検査の度に更新し真の破損確率に近づくという方

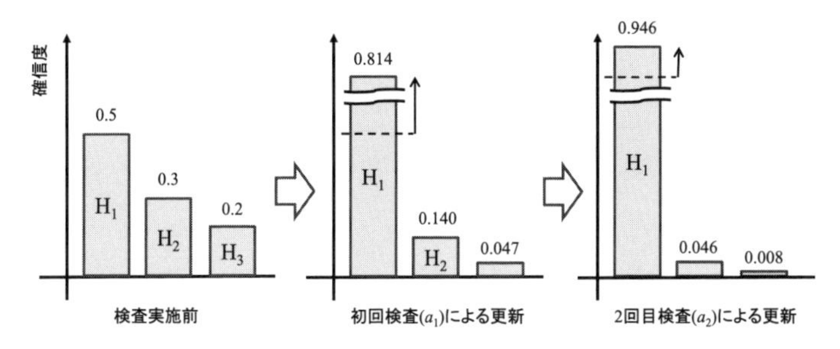

図 3.7　検査データによる確信度の更新

法はまさにメンテナンスの現場に適した手法であるといえる．

■ 3章文献 ■

1）小林英男監修，リスクベース工学の基礎，内田老鶴圃，2011 年 3

4 RBMを実際に行うための方法

RBMを実際に行うには，既に発行されている様々な規格，基準，ガイドラインを理解し，評価対象とする装置，機器に特有の具体的手法を検討する必要がある．この章では，前半で既に公刊されている規格，基準，ガイドラインの概要を示し，後半でRBMの進め方について説明する．

4.1 RBMに関する規格，基準およびガイドラインの概要

RBMを実施する際に用いる手順は，既存の規格，基準またはガイドラインに従うことが必要であるが，そのままでは具体的に実施することは難しい．通常は，それらの手順を盛り込んだソフトウェアを利用するか，または独自に構築することになる．ここでは，代表的な規格，基準およびガイドラインの概要を示す．

4.1.1 ASME

ASME（米国機械学会）では，1990年の初頭から規格，基準，ガイドラインを発刊しており，以下に年代別にその概要を示す．

①Risk Based Inspection-Document of Guideline, Vol.1, General Document, CRTD（Center for Research and Technology Development ）-20-1, 1991

図4.1に示すようにRBMの基本的な考え方および手順を示したものである．

②Risk Based Inspection-Document of Guideline, Vol.2, Light Water Reactor Nuclear Power Plant, CRTD-20-2, 1994

③Risk Based Inspection-Document of Guideline, Vol.3, Fossil Fuel-Fired Power Generation Station, CRTD-20-3, 1996

上記①～③が，主要なガイドラインであるが，この他に石油精製および貯蔵設備に関するガイドライン（CRTD-20-4）が予定されたがAPI（米国石

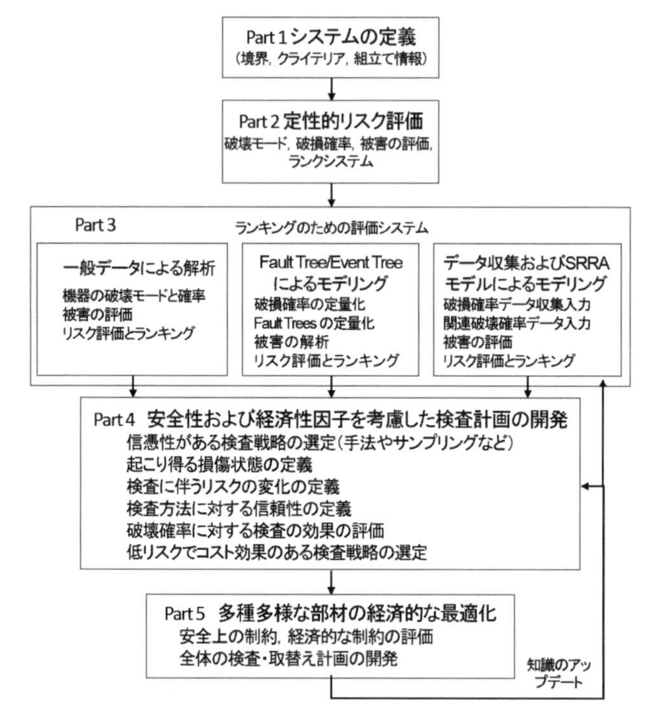

図 4.1　ASME CRTD における RBI/RBM の考え方

油学会）基準（API-581）が準備されていたため，そちらに集約された．その他，軽水炉の中間検査の扱いについても報告書が出されている．

最近の ASME では，従来の“圧力容器の設計”という考え方から発展させ，設計-調達-製作-供用（運転）-維持/補修-停止（撤去）という設備のライフサイクルを考慮した“ASME PCC Life Cycle Management”の概念を導入し規格作りを行っている．その中で建設後の運用規格（PCC，Post Construction Code）として以下の四つの規格（Code）を発行した[1)]．

④ASME PCC-1，Guideline for Pressure Boundary Bolted Flange Joint Assembly 2000 年発行

フランジ締付け，ガスケットに関する規格である．なお，国内では JIS B2251（フランジ締付け，2008 年発行），JIS B2490（ガスケット，2008 年発

行）が発刊されている．

⑤ASME PCC-2, Repair of Pressure Equipment and Piping Standards, 2006年発行

機器，配管の維持管理に必要となる補修についての規格である．

⑥API/ASME FFS-1, Fitness-For-Service 2007年発行

供用適正評価（Fitness For Service）の規格であり，APIと共同で運用中の検査から得られる減肉，き裂状欠陥などの評価方法，運用継続の判定などについて設定している．

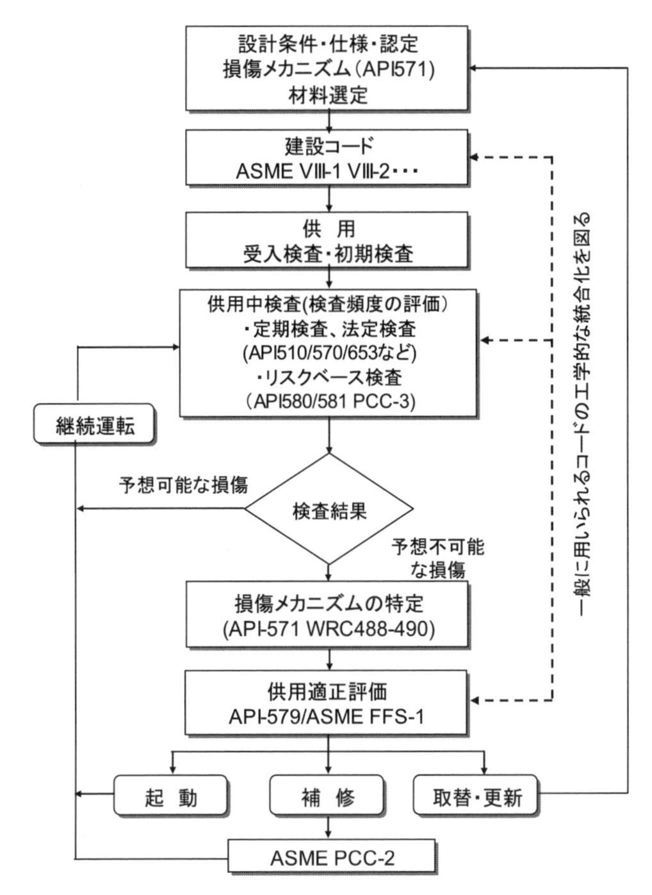

図4.2 ASME LCE（ライフサイクルエンジニアリング）の概要

⑦PCC-3, Inspection Planning Using Risk-Based Methods, 2007年発行

RBIM（リスクベース検査とメンテナンス）について規定したものである．この規格は，API RP580（2009年発行），CEN CWA15740（欧州RIMAP基準，2008年発行），HPIS-Z106（日本高圧力技術協会規格，2010年発行）と同様にRBMの考え方を記述した規格である．固定式圧力設備を対象にして記述されているが，ここで規定したリスク解析要領，指針及び実施戦略は広範囲に適用できる．目的は，コスト効果のある検査を通して安全を確保し信頼性のある運転を行うことである．リスク解析手法として定性的方法から完全な定量的評価について記述している．

⑧ASME PTB-2-2009 Guide to Life Cycle Management of Pressure Equipment Integrity（圧力機器健全性に対するライフサイクル管理のためのガイド）

ASMEの"Life Cycle Engineering"の概要をフロー図にしたものを図4.2に示す．それぞれ規格やガイドラインを整備することにより合理的な運用ができるよう配慮されている．なお，この考え方は以下のガイドラインで説明されている[1)]．

4.1.2　API

API（米国石油学会）では石油精製，石油化学分野を中心に1992年産業界の共同プロジェクト（47社）としてRBI規格の構築がスタートした．現在までに以下の二つの規格が発行され，他の多くのRBM/RBI規格やソフトウェアの基本的な拠り所となっている．なお，RPはRecommended Practiceを意味しており，

① API RP580

- API RP580 Risk-Based Inspection（第1版，2002年5月発行，第2版，2009年11月発行）
- API RP 580は，RBIの原理と最小限の共通的ガイドラインとしてまとめられており，多くのRBM規格やソフトウェアで参照されている．

② API RP 581

- API Publication　581 Base Resource Document Risk-Based Inspection

（第1版，2000年5月発行）

・API RP 581 Risk-Based Inspection Technology（第2版，2008年9月発行）

API RP 581は，検査計画を策定するためのRBIの具体的方法を提供することを主旨として発行されており，第2版では多くの改善が見られる．ただし，本RBIは，石油精製および石油化学を対象にした内容であるため，他の産業分野への適用については独自の事象（損傷メカニズム，被害の形態など）の追加検討が必要になる．表4.1にAPI RP 581第2版の構成を示す．リスク評価と検査計画の考え方，破損確率の計算，影響度の計算方法の3部構成になっている．

表4.1　API RP 581（第2版）の概要

Part 1 API RBI Technology（API RBI技術）を用いた検査計画
・POFとCOFの組合せによるリスクの計算
・時間刻みの検査計画
・結果の表示，リスクマトリックス（面積（安全），経済性，ユーザによるリスクレンジの定義（POFとCOFで校正するリスクカテゴリ
・圧力容器，配管，タンク，バンドル，安全装置のリスク計算
Part 2 API RBI評価におけるProbability of Failure（POF）の決定
・POF計算（概要，計算，一般破損確率，損傷係数，管理システム係数）
・Part 2 Annex A管理スコア監査ツール
・Part 2 Annex B腐植速度の決定
Part 3 API RBI評価におけるConsequenceのモデリング
・COF計算
・Level 1 Step-by-Step“Canned（準備された）”手順によるモデル化
・Level 2厳密な手順によるモデル化
・タンクモデルの被害の大きさの計算
・Part 3 Annex A Level 1および2のモデル化の詳細背景
・Part 3 Annex B SI単位系と米国単位系の換算

API RP 581については，ユーザ会が組織されAPIソフトウェアが配布されている．2008年で世界の49社が有料で参加している．APIソフトウェア（Version8.0）はバージョンアップおよびAPI RP 581規格の改訂を含め米国The Equity Engineering Group Inc.（E^2G）社に作業がアウトソーシングされている．API RP 581（第2版）では様々な改訂が行われた．TMSF

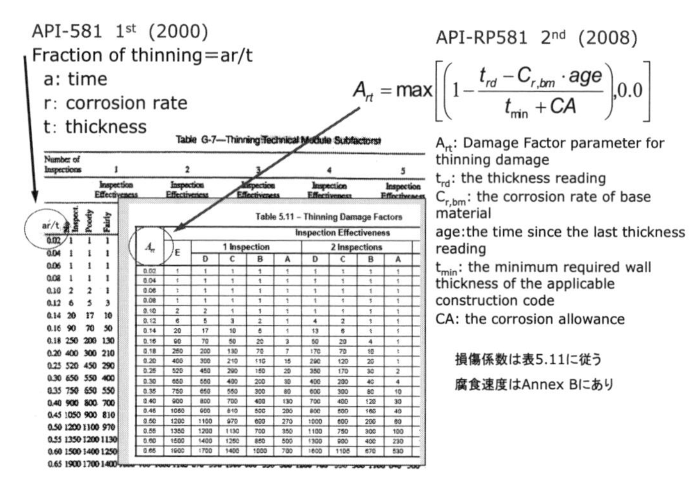

図4.3　減肉速度と検査有効度で決まる損傷係数表（API RP 581での改訂）

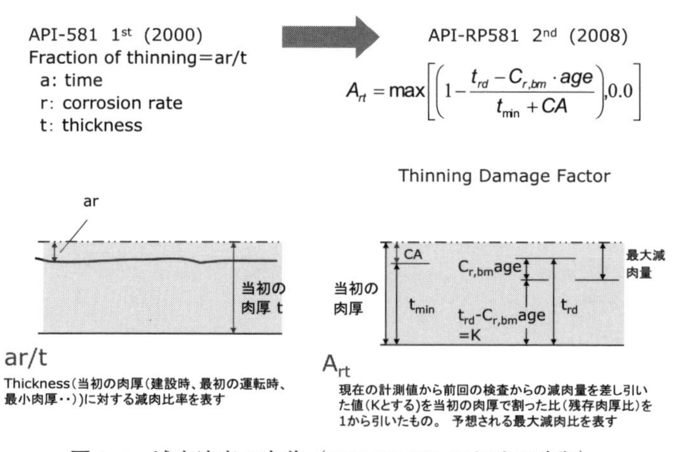

図4.4　減肉速度の定義（API RP 581における改訂）

（テクニカルモジュールサブファクター）の用語は，DF（損傷係数）に置き換えられている．その他，例えば図4.3および図4.4に示すように減肉速度の定義を現実に合わせるように改訂した．

将来の改定に関して，一般破損頻度（GFF）の変更，高温強度評価の追加，FFSとの関連などが現在APIで検討されている．

また，RBIと関連する最近のAPI規格として以下の二つの規格が発行されている．

③ API RP 585 Pressure Equipment Incident Investigation

この指針は，圧力設備の事故調査を効果的にするための方法と組織化を述べたものである．事故を三つのタイプに分け分類して事例を示している．

・Failure（機能停止） フランジからの漏洩，腐食による損傷，漏洩など，割れ

・Near-Misses（ニアミス） 仮補修（FFS対応），構造不良，ボルトガスケットの劣化

・Equipment Deficiency（機器不具合） 予想以上の損傷，異材の発見，仕様ミス発見

④ API RP 584 Integrity Operating Windows （IOW）

この指針は，圧力設備の運転について述べたものであり，計画外のプロセス運転を行った場合の機器の安全性に影響するプロセス変動値（パラメータ）に対する限界値を設定し，その範囲に維持するよう求めている．この限界値は，物理的限界（圧力，温度など）と化学的限界（pH，水分，化学物質など）の二つから構成され，アラームを設定して安全性を確保するようにしている[1)]．

4.1.3 HPI（日本高圧力技術協会）

HPIでは日本で最初のRBM規格として下記を発刊している．

① HPIS Z106 リスクベースメンテナンス（2010年3月発行）

HPIS Z106はRBMの基本的な考え方および実施に際して必要な事項をまとめたもので，API RP 580（第1版）およびASME PCC-3ドラフトを参考として国内に適合するよう作成されている．また，海外を対象にHPIS Z106英文版も発行される予定である．

② HPIS Z107-TR リスクベースメンテナンス ハンドブック

-1TR 第1部 一般事項（2010年3月発行）

-2TR 第2部 減肉の損傷係数（2011年4月発行）

-3TR 第3部 応力腐食割れの損傷係数（2010年3月発行）

-4TR　第4部　その他の損傷係数（2011年4月発行）

HPIS Z107-TRはRBMを実施する具体的な手順を示したものであり，TR（Technical Report）とは技術資料を意味し必ずしも規格として制約されない．Z107-TRはAPI Pub. 581（第1版）を基本に作成されたが，API RP 581（第2版）も参照している．ただしAPI RP 581は日本の事情と異なる点が多く，国内のデータや考え方を用いて改良されていることから日本独自の基準と考えてよい．なおHPIS Z107に準拠したソフトウェア構築が進められている．

表4.2　API RBIとHPI RBMの相違

Likelihood

	Evaluation Level	Generic Failure Frequency	Damage Fctor	Mechanical Factor	Process Factor	Management Factor	General Check LIst
			Damage Identification, Likelihood, Extension	Equipment Condition	Process Condition	General Management	
API	Quantitative	○	○	○	○	○	
	Semi-Quantitative		○				
	Quantitative						○
HPI	Semi-Quantitative		○	○	○*	○	

Cosequence

	Evaluation Level	Consequence Area (Flammable, Toxic)		Environmental Consequence	Economical Consequence	General Check List
		For Human	For Equipment	—	—	—
API	Quantitative	○	○	○	○	
	Semi-Quantitative	○	○			
	Quantitative					○
HPI	Semi-Quantitative	○	○	○*	○	

API RP 581とHPI Z107-TRの相違を表4.2に示す．HPISは，半定量的な方法を主体にしている[2)]．

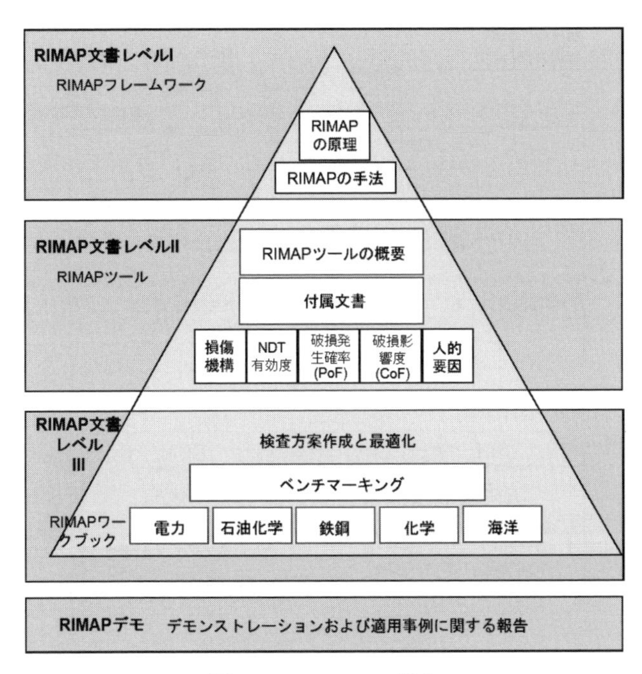

図 4.5　RIMAP の構成

4.1.4　RIMAP（Risk Based Inspection and Maintenance Procedures）

欧州共同体の共有ガイドラインの構築を目的として，50 以上の機関が参加し 2001 年 3 月にスタートしたプロジェクトである．図 4.5 に RIMAP の構成を示す．基本的手順，評価ツール，産業別ワークブックの 3 段階のレベルとして構成されており，産業別ワークブックではそれぞれ独自の手法を構築することで，電力，石油化学，製鐵，化学，オフショアーについて検討された．

図 4.6 に RIMAP 手順，API との違いを表 4.3 に示す．API との大きな違いは，全ての設備を対象として，RBM，RCM および安全システムを組合せた方法として提案している点である．基本的な手順は，以下のような文書として発行されている．

① CEN CWA 15740　Risk-Based Inspection and Maintenance Procedure for European Industry（2008 年 4 月発行）

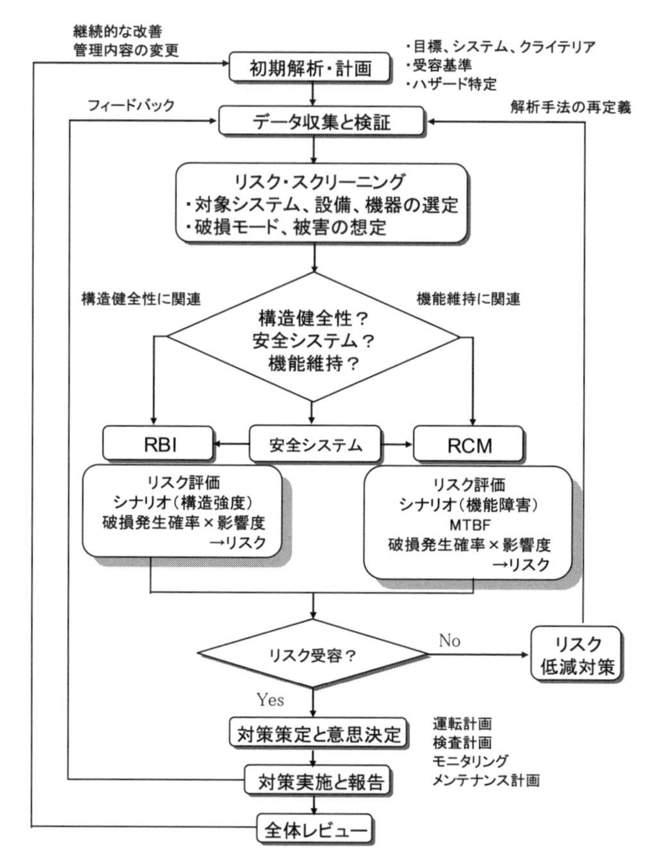

図 4.6　RIMAP 手順の概要

この内容は，API RP 580 または HPIS Z106 に相当するものであり，基本的な考え方が示されている．将来的には，EN（欧州）規格，ISO 規格を目指している．

4.1.5　オランダ規格

オランダの圧力容器/危険範囲規則（G070/83-12）では，RBI 適用を義務付けられている．この考え方が RIMAP にも反映され，RBI 実施手順については専門家，有識者の参加が必要とされている．

表 4.3 RIMAP と API の相違[3)]

項目	RIMMAP	API
メンテナンス管理	メンテナンスマネジメントに対する具体的な要求内容を記述	検査マネジメントのみに焦点をあてている
対象設備	全て；静的機器，安全システム，動的設備	静的機器
破損モード	シナリオ（ボータイ）全ての破損モード，損傷種類に対する漏洩サイズ	漏洩のみ，標準的な漏洩サイズ
CoF	全ての化学物質（DNV は，DIPPR データベースおよび Phast を使用）スクリーニングモジュールを採用	限定されている．影響度は S，E，C の合計
PoF	詳細評価に対するスクリーニング，フレキシブルな手法	事前の決定論的計算モデル
リスクの決定	実際のプラントに対応するリスクマトリックス，安全性システムに対しては SIL 要求	一般的なリスクマトリックス
リスク緩和	検査，メンテナンス，プロセスの制約，再設計/再建設	ほとんど検査のみ

4.1.6 オーストラリア規格

古くから長距離のパイプラインに事故が多く，事故減少の目的も含め1997 年に規格 AS 2885-1997 Pipelines -Gas & Liquid Petroleum として導入された．Design by Rule の弊害がきっかけであり，運用中の検査計画を RBI により構築することになった．対象は，自然災害を含めた外部損傷，減肉，操作ミスなどであり，全国 27000km のパイプラインに適用されている．

4.1.7 EPRI ガイドライン

EPRI（米国電力中央研究所）では，火力発電設備の管理およびメンテナンスを目的として 2002 年 11 月に Risk Based Maintenance Guideline[4)] を発行している．特にコストとの関係を重視しており，その評価方法も含まれている．

4.1.8 化学工学会 検査有効度ハンドブック

化学工学会では，検査有効度ハンドブックを 2006 年 6 月に発行[5)] している．検査有効度は，検査の方法，位置，回数などにより破損発生確率が変化することに対し，その方法，位置，回数などによる有効度を決めたものである．検査有効度は破損発生確率を求める上では必須の項目である．ここでは，機器別（例；圧力容器，熱交換器など）や損傷形態別（全面腐食，局部腐食など）により検査有効度を定義している．

4.1.9　ABSガイドライン

①ABS（American Bureau of Shipping），Guide for Surveys Using Risk-Based Inspection for the Offshore Industries, 2003年12月発行

ABS（米国船級協会）では，静的圧力設備およびフローティング海洋構造物，固定式プラットフォームの構造と製造設備の健全性の維持を目的としてRBIガイドラインを発行している．なお，動的な機械・機器については，RCMによるガイドを発行している．

この他，DNV, Lloyd's Register, Class NK, BV（Bureau Veritas）もRBM指針，ガイドラインの発行，ソフトウェアの提供を行っており，国際的な4大船級協会の競争関係が見られる．

4.1.10　Class NKガイドライン（案）

Class NK（日本海事協会）では，船内機関・機器の保守及び検査を合理的且つ効率的に実施するツールとして半定量的RBM手法を開発し，以下のガイドラインを準備している．

①船舶機関・機器のRBMガイドライン；リスクベースメンテナンスによる効率的且つ合理的な舶用機関・機器の保守・点検指針，2010年3月

なお，本ガイドラインに従うRBM評価の事例については第5章で述べる

4.1.11　中国基準[6)]

中国では早くからRBI/RBMに着目し，既に2000年から欧州へ技術者を派遣してTWI, DNV, BV, Tischuk, SKF, SKなどと協力して専門家育成のための研修を行っている．中国工業規格としてSY/T6653-2007が作成されているが，具体的な運用は不明である．また，国家規格としてのガイドライン，RBIソフトウェアも構築されている．

中国では産業事故が多くその結果，設備の稼働率も極端に悪い．民主化に従いそれらの情報も明らかになっており国家事業としてRBIを推進している．145設備の石油化学プラントに適用した例については第5章で示す．中

国では，産業資本だけではなく社会資本への適用も考えられており，航空，建築，原子力，環境設備，情報，金融，災害など広くこの技術を適用することを考えている.

4.1.12 韓国基準[7)]

韓国では，日本より導入は遅かったもののAPI Publication 581，API RP 580を踏襲して石油精製関連，火力発電関連でRBM導入を具体化させている.

(1) 圧力設備

石油精製，圧力設備関連についてはKGS（Korea Gas Safety Corporation）がRBIによるリスクランキングの結果から適正な定期検査周期の決定方法の指針を示している.

(2) 火力発電設備

火力発電設備については，KEPRI（韓国電力中央研究所）が中心になりシステムを構築した[8)]. 同様に，法定検査，主要なオーバーホール，軽微なオーバーホールの適正な実施指針，期間設定方法を与えている.

これらのRBM実施事例は，第5章で示す.

4.1.13 その他（市販のソフトウェアについて）

上記以外にもRBMに関する規格，基準およびガイドラインがあるが，実際にRBMを実施しようとすると最初からソフトウェアを構築するか何らかの市販のソフトウェアを利用することになる．ソフトウェアは前出のAPIソフトウェアに加え，TÜV-SUD, TWI, ESRT, Bently, DNV, BV, Shellなどの企業が独自のソフトウェアを販売している.

4.1.14 損傷メカニズム，損傷スクリーニングに関する参考資料

RBMを実施する場合，損傷メカニズムの特定が必要である．現状様々な機関で損傷メカニズムの取りまとめ，あるいは解説が作成されている．代表的な資料[9～13)]を示す.

4.2　RBMの実施手順

RBMの実施に当たっては，API RP 580，API Publication 581（第1版2000），API RP 581（第2版2008），あるいはHPIS Z106，HPIS Z107-TR，CEN CWA15740を参照しながら行うことができるが，具体的に実施手順を理解するのは容易ではない．そこで，以下にHPIS Z106を参考にして，石油精製，石油化学プラントに代表されるプロセスプラントを例に取り，具体的な手順の例を紹介する．図4.7にHPIS Z106に記述されているRBMの一般的な手順を示す．RBMの手順は事前準備，リスクアセスメント，意思決

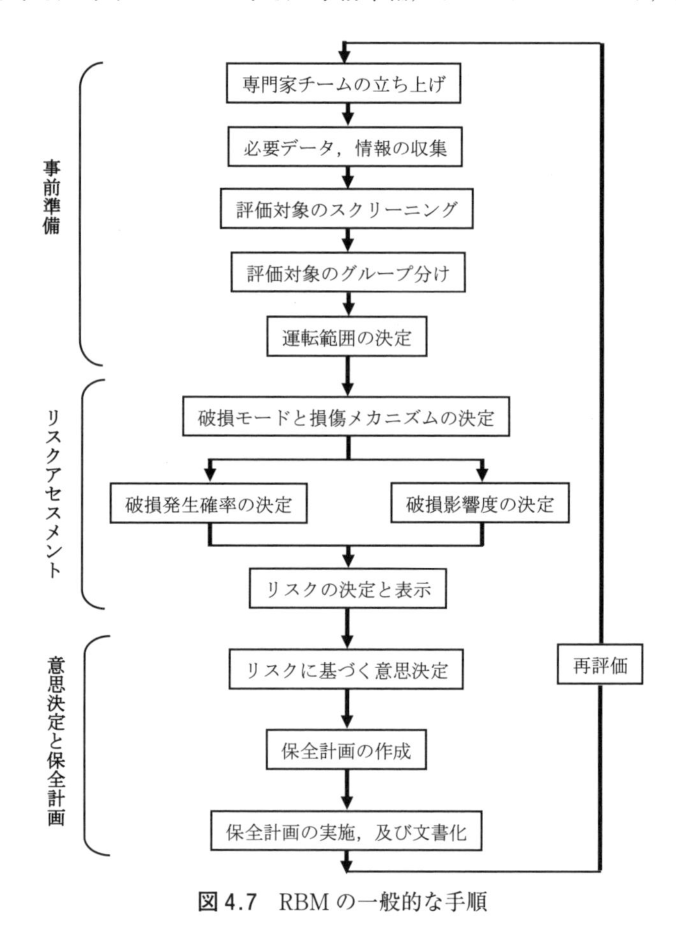

図4.7　RBMの一般的な手順

定と保全計画の三つの段階で構成される．以下に各段階の内容を解説する．RBM において強調されるべきことは，以上の手順が再評価を経て繰り返されることである．

4.2.1 事前準備

まず RBM の事前準備として，これから RBM を実施してゆく主体となる専門化チームの編成が行われる．チーム員は多くの側面からの情報，必要な技量と技術的経験を提供する．そのチーム構成員は次のような人々である．

a. リーダ

リーダの役割は，チームの情報をまとめ，整理し，報告を行ってそれらを共有させることにある．リーダの責務には以下のものが含まれる．

- 各専門家が必要な技量と知識と経験を有していることを確認する．
- 評価に用いた仮定が適切であることを確認し，最終報告に記述されていることを確認する．
- 収集されたデータの質が評価されていることを確認する．
- リスクアセスメントを指導する．
- 結果を報告書にまとめ，しかるべき要員へ配布する．
- チームを構成する要員と，チームの進め方を決定する．

b. リスクアセスメント担当者

- 各分野の専門家の要求により集められたデータを確認する．
- データ精度を確認する．
- データの質や仮定が適切であることを確認する．
- データベースへデータを入力する．
- 入出力データの品質を管理する．
- リスクアセスメントを実施する．
- リスクアセスメント結果を提示し，報告書を作成する．

c. 保全担当者

- 評価対象の状態と履歴に関するデータを収集する．設備の運転状態のデータには，供用開始時と現在の両者のデータが含まれている必要がある．現在の状態に関するデータは，将来の状態を予測するために必要である.

- 設備の状態に関するデータがない場合，材料と損傷評価の専門家と共同して現在の状態を予測する.
- 装置の補修，取替，追加が，装置履歴データに含まれていることを示す.
- 対象装置の状態を確認するために実施される検査手法の妥当性を検討する.
- リスクベースメンテナンスにより立案した保全計画を実施する.

d. 材料及び損傷評価の専門家

- 評価対象機器の操業及び製造プロセスの条件，環境，材料の性質，供用年数などを考慮し損傷メカニズムの種類と機器に対する影響の程度を評価する.
- 実施した評価と機器の状態を比較し，両者に差異があればその理由を明らかにする.
- 特定された損傷メカニズムに対する保全計画が適切であるかどうかについて評価する.
- 破損発生確率の低減措置について提言を行う.

e. 操業及び製造プロセスの専門家

- プロセス条件の情報を提供する．情報は一般にプロセスフロー図の形で提供する.
- 通常の過渡事象（例えば起動や停止）と，異常な過渡事象におけるプロセス条件の変化を文書化する.
- プロセス流体とガス組成について毒性と引火性はもとより，全ての変動に関する情報を提供する.
- 操業及び製造プロセス条件の変更によるリスク低減措置について評価と提言を行う.

f. 運転担当者

- 規定された操業及び製造プロセス条件の範囲内で装置や設備が運転されていることを示す.
- 規定された操業及び製造プロセス条件の範囲外で運転された場合に

はそのデータを提供する.

- 装置の補修，取替，追加が，提供された装置履歴データに含まれていることを示す.
- 操業及び製造プロセスや装置の変更に関する提言を実行する.

g. 装置管理者

- リスクベースメンテナンスの検討に必要な要員と資金を確保する.
- リスクマネジメントの意思決定を行うとともに，リスクベースメンテナンス検討の結果に基づく意思決定の枠組みを他の者に確保する.
- 最終的に，決定されたリスク低減措置を遂行するために必要な要員や資金を確保する.

h. 環境及び安全担当者

- 環境，安全システム，規制に関するデータを提供する.
- 破損の影響度を低減するための方法について評価を行い提言する.

i. 財務担当者

- 評価対象となる装置及び設備の運用費用に関するデータを提供する.
- 装置の停止に伴う事業への影響を示す.

専門家チームが編成された後，チーム員も含め以下のことを確認する．実施方針，RBM実施に当たって必要となるデータの有無，評価方法などである．実際にプラント，装置，設備，機器などを対象にしてRBMを実施するに当たって，それらを明確にするため実施される質問例を表4.4に示す．各項目の詳細は以下の通りである.

Ⅰ）実施目的の確認

RBMは装置，設備を保有する企業が信頼性とコストの最適化によってメンテナンスの合理化を図るために実施するが，具体的な目標を設定することが必要である.

表4.4　RBM実施事前調査のための質問と回答項目

質問項目		回答項目
Ⅰ)	実施目的	信頼性向上 メンテナンスの合理化（コストダウンなど） 法規対応 その他
Ⅱ)	対象範囲	会社全体（複数工場） 1工場（プラント） 特定の範囲（機器） その他
Ⅲ)	リスク評価期間	次回定期検査まで 長期的
Ⅳ)	被害源となる事象	機能喪失 破壊 漏洩(高温, 毒性, 爆発性, 環境汚染性など) その他
Ⅴ)	考慮すべき影響（被害）	安全（人的被害） 経済的被害（損失） 環境被害（環境汚染など） その他
Ⅵ)	評価目録の作成	既存のファイル(設備台帳など)の利用可能 新規作成必要 その他
Ⅶ)	プラントデータの有無	設計データ 検査，補修履歴データ 運転データ
Ⅷ)	劣化破損機構の種類 (Ⅳの事象の原因となる損傷機構)	器械的破壊 腐食 その他
Ⅸ)	評価単位	プラント単位 機器単位 部品・部位単位 コロージョンループ その他
Ⅹ)	リスク評価方法	公的方法（ソフトあり） 公的方法（ソフトなし） 市販ソフト 独自作成 その他
Ⅺ)	リスクレベル対応基準	公的基準 独自基準（既存） 独自基準（新規）

Ⅱ）対象範囲の決定

上記目的を達成するために，保有するプラント，装置，設備のどの範囲を対象に実施するかを決定する必要がある．

対象とする範囲は，以下のように分類する場合もある．

a. 特定の設備，機器……ボイラ，タービン，発電機，各種圧力容器，貯蔵設備，熱交換器，配管，建屋，各種機械（クレーン，ファン，圧縮機，ポンプなど）など

b. プラント全体……上記の設備，機器を多数含むプラント全体（発電所，製油所，製鉄所，化学プラント，各種製造工場，石油備蓄基地など）

c. 複数プラントー……上記のプラントを複数保有する企業が，全体としてメンテナンスの最適化を行う場合

対象範囲の決定は，上記のa.，b.，c.の順に行うのが望ましい．対象範囲によってRBMの手法は異なる．

Ⅲ）評価期間の設定

リスクは時間とともに増大するので，リスク評価の期間を決めて評価する必要がある．長期の設備計画策定のためにRBMを実施する場合は，5年，10年など期間を区切って，それぞれのリスク評価を行う．長期のリスク変化を知ることで，検査，補修，更新工事計画の合理化が図れる．また，次回の定期検査の合理化のために実施する場合は，通常，次回および次々回の定期検査までの時間でリスク評価を評価して，次回定期検査の合理性を確認して，次回メンテナンス計画を決定することになる．

また，リスク評価結果は，日常点検あるいは常時モニタリングの設置の検討などにも使うことができる．

Ⅳ）被害源となる事象

プラント，設備に被害をもたらす事象としては，機能喪失（生産設備の場合，生産ができなくなることによる企業活動への被害で，すべての生産設備で対象となる），破壊（機能喪失以外に安全に対する被害をもたらす）および漏洩（高温，毒性，爆発性，環境汚染性などの物質を扱う設備で，機能喪

失，安全，環境への被害をもたらすことになる）が考えられる．

決定した対象範囲に被害をもたらす事象が何かによって，以後のシステム構築は影響を受けるので，被害源の明確化が重要である．

Ⅴ）考慮すべき影響（影響）

決定した対象範囲に被害源となる事象が起きた場合に生ずる影響の種類を想定することが必要である．通常，想定する影響の種類は，以下の3種類に分けて検討する．

a. 経済的影響（被害）--- 破損によってプラント，設備の操業が止まることによる売上減少，補修の費用など，すべての対象範囲に共通する被害を金額で表現できる．

b. 人的影響（被害）--- 破損によって生ずる人身事故の被害，工場内外の人間が対象となる．人数，負傷の程度などで表現できる．毒性のある物質の流出による人的被害も含まれる．

c. 環境への影響（被害）--- 対象範囲で扱われる物質（プロセス流体など）が環境を汚染する特性をもつ場合，破損による流出で環境汚染の被害をもたらす．この場合の被害は汚染物質の量（汚染の範囲）と汚染程度の積として表現できる．

Ⅵ）評価目録の作成

リスク評価を行うために，対象範囲を階層化して評価目録（リスク評価のためのワークシート）を作成する場合がある．既存の設備管理台帳などを利用して作成することができる．対象範囲の階層化の細かさは，目的および対象範囲の大きさによって異なる．いずれの場合も評価漏れをなくすために，目録は対象範囲をすべて包含するように作成する必要がある．

a. 対象範囲が大きい場合（プロセスプラントなど）

対象範囲が大きい場合（例えば，プラント全体），大雑把な階層化で定性リスク評価を行って優先順位を付け，b. に示す部品別詳細評価を行うことが望ましい．この場合，プラントの機器台帳などが利用できる．また，損傷機構が同一になる条件を有する範囲を1評価単位として，目録を作成することが一つの方法として推奨される．例えば，腐食が主になるプロセスプラントでは腐食条件（環境，材料）が同一になる範囲を1評価単位（コロージョンループ）として目録を作成することが考えられる．API 5814）では，その方法が採用されている．

b. 設備，機器を対象とする場合（機械装置，設備など）

単一の設備，機器でRBMを実施する場合，必然的に細かい階層化が必要で，部品が1評価単位となる．この場合，製作（組立）図面などを用いた階層化が有効である．ただし，すべての部品にまで階層化するかは，メンテナンスの方法によって異なる．例えば，設備，機器に多数付属するバルブなどのように補修するより定期的に交換する部品は，すべての部品にまで階層化せず，バルブを1評価単位とする方が合理的である．

表4.5 火力発電用ボイラの危機分類の一例

Classification of Systems and their Component (by NERC ; North American Electricity Reliability Council)

BOILER

Code	Components Description	Code	Components Description
101	Waterwalls	124	Fireside Cleaning
102	Generating Tubes	125	Acid Cleaning
103	Superheater	126	Boiler Casing, Breeching, and Ducts
104	Reheater-First	127	Soot Blowers
105	Reheater-Second	130	Precipitator-Electrical
106	Economizer	131	Precipitator-Mechanical
107	Air Preheater-Tubular	132	Burners
108	Air Preheater-Regenerative	134	Boiler Controls
109	Induced Draft Fans	136	Furnace Slagging
110	Forced Draft Fans	137	Superheater Fouling
111	Recirculating Fans	138	Reheater Fouling
112	Desuperheaters and Attemperators	139	Air Heater Fouling
113	Bypass Dampers	140	Induced Draft Fan Fouling
114	Furnace Refractory	141	Precipitator Fouling
115	Safety Valves	142	Wet Coal
116	Steam Valves and Piping	143	Poor Quality Fuel
117	Valves+Piping+Feedwater+Blowdown	144	Drum, Steam Scrubbers, and Separators
118	Gage Glasses	145	Pulverizer Capacity Limited
119	Slag and Fly Ash Disposal System	146	Ashpit Trouble
120	Stack	147	Fly Ash Disposal Trouble
121	Pulverizers	148	Start-up System
122	Cyclones	149	Light-off System
123	Fuel Handling Equipment (gas,oil,coal dtc)	150	Headers

46components

例えば，NERC（North American Electricity Reliability Council）では発電用のボイラを表4.5のように46の機器に分類している．このようにプラントや設備全体の構成を常に考え，RBMを適用する単位や範囲を決定する．現場での検査・メンテナンスの経験により合理的な対象範囲の選定を行うことは，評価の規模や費用を検討するのにも役立つ．

Ⅶ）プラントデータの有無

各評価単位のリスクを算定するために必要な代表的なデータは以下のようである．

a. 設計データ
　設計基準，温度，圧力（応力），取扱い物質の組成，環境，材料，溶接条件，熱処理条件など

b. 検査記録
　建設時：製造時，建設時の検査項目（方法，範囲）と結果
　運転開始後：検査時期，検査項目（方法，範囲）と結果

c. 補修記録
　補修時期，方法（溶接，機械加工など），条件（溶接，熱処理，加工条件），補修後の検査（方法，結果）

d. 運転記録
　運転条件（温度，圧力，環境），時間，起動停止回数，起動停止の方法（昇温速度，降温速度，停止時の保持温度など），その他の関係事項

Ⅷ）劣化破損機構の種類

上記 Ⅴ）の事象を引き起こす要因を検討して劣化損傷機構を確認する必要がある．劣化損傷要因には，延性破壊，脆性破壊，疲労，クリープなどの機械的破壊，腐食（応力腐食割れ，エロージョンなどを含む）および材料特性の劣化などが考えられる．

Ⅸ）評価単位の決定

リスク評価は，対象範囲を区分けした一定の単位に対して行われる．Ⅱ）

の対象範囲の決定で，複数プラントを対象とした場合，1プラントを1評価単位として，リスク評価を行い，プラントごとのメンテナンスの優先順位を決定する．b. のプラント全体の場合，プラントを構成する1設備，機器を1評価単位としてリスク評価を行い，設備，機器ごとのメンテナンスの優先順位を決定する．a. の特定設備，機器を対象とする場合は，c.，b. の評価を経てa. に至る場合と，対象機器を直接選定する場合がある．いずれの場合も，評価部位の階層化を行い，評価部位ごとのメンテナンスの優先順位を決定する．前述した表4.5の機器分類の下層にさらに伝熱管，管寄，溶接部など構成する部位を対象にすることが考えられる．

また，プロセスプラントでは腐食条件（環境，温度，材質など）が同一になる部位を1単位とするコロージョンループごとに評価する．詳細例は後述する．

X）リスク評価基準

リスクは二つの因子，破損発生確率と破損影響度の積，あるいはその二つの因子でランク付けされるものとして定義される．この場合，破損をどのように定義するかはリスク評価対象により異なる．一般に，プロセスプラントなどでは内流体の漏洩が大きな事故の原因となっているため，内流体の漏洩を破損と定義しリスク評価が行われる．また，回転機器などでは機器が停止することを破損，この場合には故障と言う日本語が用いられるが，機器の停止を故障と定義しリスク評価が実施される．各評価単位のリスクを算定するための計算方法について，公的に決められた方法がある場合，その方法に従わなければならない．公的方法がない場合，市販のソフトの使用あるいは独自に方法を構築することになる．

XI）リスクレベル対応基準

リスク評価の結果，評価単位ごとのリスクレベルが求められるが，リスクレベルごとの対応基準（許容，低減など）として，公的基準がある場合，その方法に従わなければならない．公的基準がない場合，独自基準を作成することになる．この基準は事前に決定しておくことが必要である．この時に参考となるのがALARPの考え方である.

プロセスプラントにおける評価対象のグループ分け

材質，運転条件，潜在的な損傷メカニズムと過去の損傷履歴に関する情報により評価対象のグループ分けを行う．これを行うことにより，破損の原因となる各種の損傷発生の可能性を漏れなく抽出し，その影響度を適切に推定することが可能となる．石油精製プラントの脱硫装置をとり上げ，グループ分けの例を以下に示す.

石油精製プラントの脱硫装置における例

プロセスプラントでは装置を流体組成，圧力，温度，材質，設計，運転上の履歴に基づき，共通の環境，構成材料，及び運転条件で系統，ストリームまたはループなどと言う名称でグループ化することは非常に有効である．系統的に分割することによって一括して評価でき，個々に各機器，部位を扱うより時間を節約できる.

通常は装置，設備の系統を特定するため設備ブロック図かプロセスフロー図を利用する．図4.8に，石油精製プラントにおいて，油中の硫黄分を水素と反応させ，硫化水素として除去する脱硫装置の例を示す．運転条件（温度，圧力，流体組成など）と構成材料（炭素鋼，Cr-Mo鋼，ステンレス鋼など）により，それらが共通となる以下の7個のグループに分割した例である.

グループ①：高温硫化水素サービス,
グループ②：高温水素-硫化水素サービス
グループ③：湿潤硫化水素-アンモニア，塩化アンモニアサービス
グループ④：高圧湿潤硫化水素サービス
グループ⑤：アミンサービス
グループ⑥：低圧湿潤硫化水素サービス
グループ⑦：低温水素-硫化水素サービス

RBMにおいては多量のデータと評価結果を扱わなければならない．そのため通常はコンピューターソフトを利用する．評価対象が大きな範囲，複雑

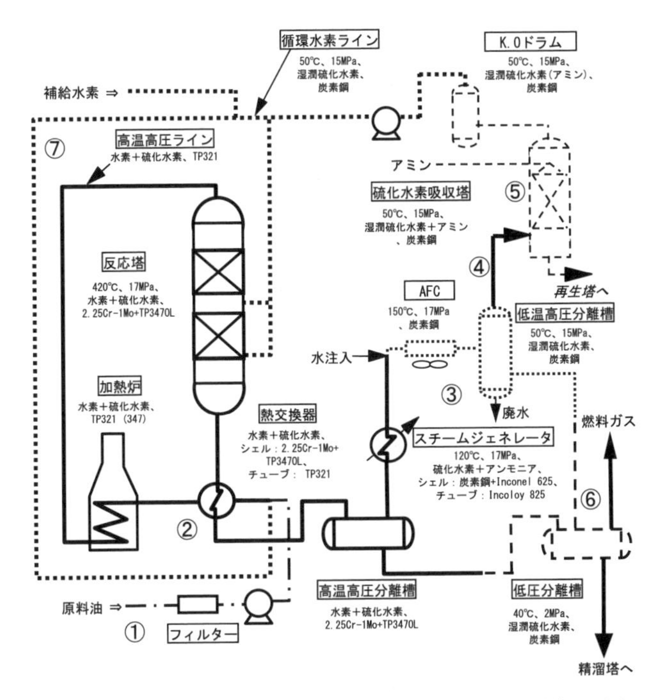

図 4.8　脱硫装置におけるグループ分割（7 つに分割）の例

な装置の場合には扱うデータ量が多く，利用するソフトの準備も事前準備の一環として考慮する必要がある．それについて以下に説明する．

I）RBM ソフトウェアの選定

対象範囲のプラント，設備，機器によっては，RBM を実施するためのソフトウェアが市販されている．RBM の実施に適用できる場合，これら市販のソフトウエアを利用することが可能である．ソフトウェアには，データベース方式とエキスパートパネル方式の 2 種類がある．データベース方式は膨大なデータベースを内蔵していて，指針に従い設計条件と使用条件を入力すると，反応計算から余寿命算出までを行える．エキスパートパネル方式は，専門家によるエキスパートパネルを構成し，ソフトウェアはエキスパートパネルの判断の補助として使用する．前者の場合，内容がブラックボックスになることが多いが，利用に当たっては内容の確認が不可欠である．

一般に，汎用機器に対しては市販ソフトウェアが有効であり，特殊機器に対しては，独自にシステム（ソフトウェア）を構築することが必要となる場合が多い．独自システム構築の場合，ソフトウェアを保有する専門家のコンサルティングは有効と考えられる．市販のシステム（ソフトウェア）を利用してRBMを実施する場合は，手順は市販のシステム（ソフトウェア）の指示に従うことになる．

Ⅱ）システムの構築の例

対象範囲に独自システム（ソフトウェア）を構築する場合，以下の手順で実施される．

a. 評価目録の作成

評価単位ごとに懸念される損傷機構（複数もあり得る）および各種プラントデータを記入した評価目録を作成する．懸念される損傷機構は，損傷データベース，熟練者の経験に基づいて決定される．損傷事例がない場合には，シミュレーションによって損傷の可能性を確認することが可能であるが，シミュレーションには限界がある．

b. リスク算定方法決定

「破損の起こりやすさ」（破損確率）と「起きた場合の被害の大きさ」（影響度）の積として表現されるリスクの評価には，上述の評価目録における評価対象に対して，「破損の起こりやすさ」と「起きた場合の被害の大きさ」のそれぞれを算定する方法が必要である．

4.2.2　リスクアセスメント

前述の事前準備が終了すると，そこで収集，整理された評価対象のデータ，情報に基いて各部のリスクを評価する，リスクアセスメントが実施される．その手順は，プロセスプラントの場合であれば，分割グループ毎に含まれる全ての部位について，破損モードと損傷メカニズムを決定し，破損発生確率と破損影響度を求め，リスクを決定し表示，と言う順で行われる．各ステップの概略を以下に示す．

(1) 破損モードと損傷メカニズムの決定

RBMを実施するには全ての対象の部位について破損モードを特定し，その原因と想定される損傷メカニズム，損傷の起きやすさあるいは感受性を特定する．材料や腐食分野などの専門家の助言の下，対象とする装置，設備，機器等の損傷メカニズム，損傷の感受性及び潜在する破損モードを明確にする．使用するデータや設定した仮定の検証結果は文書化して保管する．定常運転時及び異常時のプロセス条件，想定される操業，製造プロセスの変更についても考慮する．常に最新の情報を使用する．

破損は一般的に「要求機能が維持できない状態」と定義される．流体を扱う場合の多いプロセスプラントにおいて破損を漏洩と定義した場合，その範囲は微小な開孔から完全な破断までを包括する．なお，漏洩以外の破損モードとしては，次のようなものがある．

a. 圧力調整部品の破損　閉塞，汚れ，作動不良

b. 熱交換器のバンドル破損　伝熱管漏洩，閉塞

c. ポンプの破損　シール破損，モータ破損，回転部品の損傷

d. 内部のライニング　開孔，剥離

損傷メカニズムとしては疲労，クリープ，延性破壊，ぜい性破壊，腐食減肉，応力腐食割れ，磨耗，エロージョン，冶金的劣化，その他が挙げられる．それらの具体的な損傷メカニズムの名称を表4.6（HPIS Z106，附属書G）に示す．

(2) 破損発生確率の決定

破損発生確率は，検討対象について考えうる全ての損傷メカニズムを考慮する．減肉とクリープの同時作用のような複合的な損傷メカニズムである場合もある．そのような場合，破損発生確率はそれぞれの破損発生確率の単純には総和として捉えることもできる．または新たな損傷メカニズムとして独自の破損発生確率を検討する場合もあり，状況により変わる．

なお，破損は損傷メカニズムによってのみ生じるものではなく，他の原因として，地震，厳しい気象条件，圧力安全設備の破損による圧力上昇，運転担当者のミス，構造材料の不注意な選定，設計ミス，戦争やテロによる破壊

表4.6　プロセスプラントにおける破損の原因となる損傷メカニズムの例

分類	損傷メカニズム（例）		
疲労	低サイクル疲労	振動疲労	熱疲労
	高サイクル疲労	フレッティング疲労	
	接触疲労	腐食疲労	
クリープ	クリープ破壊	クリープ疲労破壊	クリープ変型
	クリープ脆化	異材溶接割れ（DMW）	
延性破壊	延性破壊		
脆性破壊	低温低靭性破壊	青熱脆性破壊	
腐食減肉	酸化	ナフテン酸腐食	硫酸露点腐食
	浸炭酸化	フッ酸腐食	塩酸露点腐食
	高温酸化	アミン腐食	すきま腐食
	大気腐食	炭酸腐食	ガルバニック腐食
	外面腐食	ホウ酸腐食	異種金属接触腐食
	水蒸気酸化	サワーウォーター腐食	デポジット腐食
	溶融塩腐食	アルカリ腐食	堆積物下腐食
	硫化	苛性ガウジング	付着物下腐食
	高温硫化	キレート腐食	水線腐食
	ハロゲン化腐食	湿性硫化物腐食	迷走電流腐食
	高温ハロゲン腐食	高温硫化物腐食	酸素濃淡電池腐食
	バナジウムアタック	高温硫化水素腐食	粒界腐食
	燃料灰腐食	湿性塩化物腐食	綿状腐食
	黒液スメルト腐食	塩化アンモニウム腐食	層状腐食
	淡水腐食	水硫化アンモニウム腐食	剥離腐食
	海水腐食	アンモニアアタック	変色皮膜破壊
	流動加速腐食（FAC）	無機酸腐食	応力腐食
	溶存酸素腐食	有機酸腐食	黒鉛化腐食
	酸露点腐食	湿食	蟻の巣状腐食
	保温材下腐食	乾食	凝縮腐食
	微生物腐食	HCl-H_2S-H_2Oによる腐食	メタルダスティング
	溝状腐食	フェノール腐食	水素助長割れ
	土壌腐食	液体金属腐食	水素誘起割れ（HIC）
	塩酸腐食	リン酸塩腐食	
	湿潤塩素・次亜塩素酸腐食	石炭灰腐食	
	硫酸腐食	ナイフラインアタック（腐食）	
	リン酸腐食	選択腐食(脱アロイ)脱成分腐食	
応力腐食割れ	硫化物応力腐食割れ（SSC）	塩化物SCC	鋭敏化割れ
	外面応力腐食割れ（ESCC）	フッ酸中水素誘起割れ	炭酸SCC
	アルカリ割れ	フッ酸中SOHJC	SOHJC
	苛性ソーダ割れ	シアンSCC	高温水割れ
	アミン割れ	アンモニアSCC	粒界腐食割れ
	H_2S中水素誘起割れ	硝酸塩SCC	
	カーボネート割れ	粒界型応力腐食割れ（IGSCC）	
	CO-CO_2-H_2O応力腐食割れ	粒内型応力腐食割れ（TGSCC）	
	ポリチオン酸SCC	照射誘起応力腐食割れ(IASCC)	
摩耗	アブレッシブ摩耗	腐食摩耗	インピンジメントアタック
	凝着摩耗	インレットアタック	疲労摩耗
	滑り摩耗	フレッティングコロージョン(擦過腐食)	
エロージョン	エロージョン-液体	エロージョン・コロージョン	キャビテーション
	エロージョン-固体	キャビテーションエロージョン	
冶金的劣化	水素脆化		
	水素脆化（チタン）	液体金属脆化	歪時効
	水素化物脆化	黒鉛化	焼戻し脆化
	水素侵食	等温時効脆化	475℃脆化
	脱炭	硫化	軟化（過時効）
	侵炭（浸炭）	鋭敏化	シグマ相とカイ相脆化
	窒化	シグマ相脆化	炭化物球状化
	粒界炭化割れ	ガンマプライム（γ'相）脆化	
その他	遅れ割れ	照射脆化	剥離
	クラッド（オーバーレイ剥離）	発火	緩み
	座屈	スウェリング（体積膨張）	異物附着
	ラッチェティング	盛金剥離	放電

行為などがあるが，このHPISあるいはAPI RP 580においては考慮しない．

一般に，破損発生確率は頻度で表現する．頻度は一定時間内に発生する事象数であり，例えば，0.0002件/年や，0.03件/稼働期間などのように表す．定性的な解析では，破損発生確率は,"高","中","低"や1～5などの区分で表す．

破損発生確率の評価には，定性的評価，定量的評価及び半定量的評価がある．これらは全く異なる手法ではなく，ほとんどの場合相補的に用いられる．さらに，感度解析等を用いて，保守的かつ現実的な確率値を求めることが必要である．

(3) 定性的破損発生確率

機器などの対象物を特定した後，運転履歴，検査及び保全計画，損傷メカニズムに基づいて，機器などの対象物ごとに破損発生確率を評価し，破損発生確率の区分を割り当てる．この確率の区分は，高，中，低などの単語で表現するか，または0.1/年から0.01/年というような数値の範囲として表現する．

(4) 定量的破損発生確率

いくつかの手法がある．一つは破損発生確率の計算を用いる手法である．この場合の破損データは評価対象の機器ごとに集められる．ここで得られる確率は分布として表現される．もう一つは，不十分な破損データしか存在しない場合に用いられる手法で，一般の産業，会社，製造者が保有している一般的な破損データを用いる．この場合，これらの一般データの妥当性について評価する必要がある．そして，これらの破損データが解析対象の機器に適合するように，修正した上で予測値とする．このような一般値の修正は，特定の環境下で生じる可能性のある損傷や，実施する検査及びモニタリングの種類と有効性を考慮するために，各機器ごとに行われる．また，修正は，専門家が状況に応じて個別対応で行う必要がある．

(5) 半定量的破損発生確率

定性的評価と定量的評価の中間的評価方法で，精度は低いか，一般データが得られない場合，または機器などの対象物の余寿命計算結果を用いて破損発生確率を評価する場合に適用する．例えば，余寿命計算結果を割り当て，保全効果などの他の因子を考慮して破損発生確率の区分を決定する．

破損発生確率は損傷メカニズムと損傷速度，損傷メカニズムに対する検査有効度を考慮し決定する．供用中の損傷と検査が破損発生確率に及ぼす影響を解析するにおいて，次の項目を考慮する．

a. 正常状態及び異常状態下で，評価対象の供用期間中に発生が想定される損傷メカニズム及び破損モードを決定する．

b. 損傷速度や損傷感受性を決定する．

c. 検査と保全履歴に基づき，検討中の検査と保全計画の有効性を評価する．

d. 損傷速度を予測して，損傷が供用期間中に損傷許容値を超え，破損に至る確率を決定する．以上の具体的な決定方法は以下の通りである．

Ⅰ）損傷メカニズムと破損モードの決定

破損発生確率の評価は，破損モード（例えば，小径の穴，き裂，破局的な破断など）及び，各破損モードが生じる確率を評価することにより実施される．損傷メカニズムとその結果として最も起こりそうな破損モードを関連づけることが重要である．以下に例を示す．

a. 孔食は一般に小径穴による漏洩につながる．

b. 応力腐食割れは小さな貫通き裂となり，ある場合には，破局的な破断に至る．

c. 冶金的損傷や機械的損傷は，小径穴から破局的破断まで様々な破損モードに至る．

d. 腐食による全面減肉は，しばしば大規模漏洩あるいは破損に至る．

破損モードは影響度に大きな影響を及ぼすので，発生確率と影響度の解析は，相互に関係を見比べながら進める必要がある．

Ⅱ）損傷感受性，損傷速度の決定

各機器に対して，実際に発生している損傷メカニズムを特定するためには，装置の運転条件と構成材料の組合せを評価する必要がある．損傷のメカニズムと感受性を決定する手法の一つは，同じ構成材料，同じ内外環境条件に曝されている構成要素をグループ化することである．あるグループ内の一つの機器の検査結果は，同じグループ内のその他の機器へ適用することができる．多くの損傷メカニズムに対して，損傷の進行速度が明らかにされており，プラント機器における損傷速度を推定することができる．損傷速度は，減肉については腐食速度として示し，損傷速度がわからないか応力腐食割れのように進行速度が急激なものについては損傷感受性として示す．損傷感受性は環境条件と構成材料の組合せに対し，高い，普通，低いなどのように表すことが多い．機器の製造条件及び補修履歴も重要な要因である．ある特定の機器についての損傷速度は正確には知られていないことが多い．損傷速度の評価精度は，機器の複雑さ，損傷メカニズムのタイプ，運転条件及び材料条件，検査のしやすさ，使用可能な検査及び試験方法の制限，検査員の経験度などに依存する．損傷速度の情報源としては以下のものがある．

a. 出版データ，実験室での試験データ

b. プラント挿入試験及び運転モニタリングデータ

c. 同様な機器における実績，過去の検査データ

最良の情報は運転履歴から得られるデータである．その他の情報源としては，プラント機器に関するデータベース，及び信頼のある専門家の意見があり，これらのものもしばしば活用される．何故なら，プラントのデータベースがあったとしても，十分に詳細な情報を含んでいない場合があるからである．

Ⅲ）過去の検査計画の有効性の評価

機器の状態を推定するための目視，超音波，放射線検査などのような非破壊検査方法の組合せ，検査の頻度やカバー範囲，位置等は，損傷の位置や大きさを特定するにあたって有効性が異なるため，損傷速度の決定においても同様に有効性が変わってくる．損傷メカニズムが同定された後，想定する損

傷メカニズムの検出に対して，検査計画がどの程度有効かを評価する必要がある．検査計画の有効性は，下記の事項の影響を受ける．

a. 損傷を受ける領域への検査実施の有無
b. 検査法の損傷種類ごとの検出，定量化能力の差
c. 検査方法及び検査ツールの不適切な選定
d. 十分に訓練を受けていない検査員による検査業務の実施
e. 不適当な検査手順
f. 運転条件の変化や異常事態における腐食速度の急激な上昇による破損

複数回の検査が実施されている場合，直前の検査が現在の運転条件を最も良く反映していることを理解することが重要である．運転条件が変化するような場合には，以前の運転条件での検査データに基づく損傷速度は有効ではない．

検査の有効性は，以下のような要因を検討して，決める．

a. 機器のタイプ
b. 実際に発生している損傷メカニズム
c. 損傷速度や損傷感受性
d. 非破壊検査の手法，検査範囲と検査頻度
e. 損傷発生が予測される部位への接近性

破損発生確率の解析では，以上の情報を，検査手順及び手法を最適化するために用いる．

Ⅳ）損傷メカニズムごとの破損発生確率の推定

予測する損傷メカニズム，損傷速度や損傷感受性，検査データ，検査の有効性を組合せることによって，それぞれの損傷メカニズムと破損モードに対する破損発生確率が求められる．現時点のみではなく，将来の運転期間と運転条件に対しても破損確率を決定することができる．この時，破損発生確率を求めるために用いた手法の妥当性を調べることが重要である．

HPIS以外の破損の起こりやすさの算定方法

破損の起こりやすさの算定には2通りの方法が考えられる．

表 4.7　API Publication 581（First Edition）の一般破損頻度の例

機器タイプ	漏洩頻度（/年）			
	1/4″	1″	4″	破裂
塔	8.E-05	2.E-04	2.E-05	6.E-06
槽	4.E-05	1.E-04	1.E-05	6.E-06
反応器	1.E-04	3.E-04	3.E-05	2.E-05
熱交換器（シェル側）	4.E-05	1.E-04	1.E-05	6.E-16
熱交換器（チューブ側）	4.E-04	1.E-04	1.E-05	6.E-16
エアフィンクーラー（AFC）	2.E-03	3.E-04	5.E-08	2.E-08
フィルター	9.E-04	1.E-04	5.E-05	1.E-05
貯蔵タンク	4.E-05	1.E-04	1.E-05	2.E-05

①過去の破損事例データベースを基準にする方法

評価対象の設備，機器での損傷事例データベースが存在する場合，一般破損確率として整理することで，それを基準に破損の起こりやすさを算定できる．API 581には，表4.7に示すように石油精製プラント機器に一定の大きさ，1/4インチから4インチ，破裂として提示，の破損穴が生ずる年間の頻度が示されている．石油精製プラントにおける主たる被害は，流体の漏洩によって起こり，被害の大きさは漏洩量によって決まるので，破損によって生ずる穴の大きさが重要となる．信頼性がある一般破損確率の値を得るには，膨大な破損および検査の保全データを収集し，統計確率的に整理しなければならず，多くのプラント，設備では，一般破損確率データが存在しないと考えるべきである．

②経時的損傷機構における余寿命または感受性の予測結果を基準にする方法

主な機器を構成する金属材料の経時的損傷機構は疲労，クリープ，腐食である．これらの損傷機構における余寿命または発生の感受性の予測は，機器の使用条件（負荷応力，温度，環境）が分かれば可能である．評価対象において発生が予想される損傷機構を明確にし，その損傷機構に対する余寿命または発生の感受性を求めることで，破損の起こりやすさを求めることができる．材料の破損は確率事象である．余寿命（時間または回数）を確率分布関数として求めれば，余寿命（時間または回数）を破損確率として表現でき，破損の起こりやすさが決定できる．

余寿命の予測結果の変動（ばらつき）は，破損現象が確率事象であるという本質的なばらつきの他に，材料特性の変動，設計と製造における基準，管理などの優劣（出来具合），過去と将来の使用条件の不確定さ，検査と補修における基準，技術，管理などの優劣によってもたらされる．これらの因子に関する情報がないか，または少ない場合，余寿命予測はより大きなばらつきを見込む必要がある．通常，余寿命は安全（ばらつき幅の最小値）側で管理するので，ばらつき幅が大きいと管理余寿命は短くなる．しかし，一定期間使用後に適正な検査（診断）を行うことで，情報が得られ，不確定さが低減されることから，余寿命予測のばらつき幅は縮小される．ベイズの定理に基づく余寿命の確率分布関数に対する検査（診断）の影響を図4.9に示す[14]．一般にメンテナンスでは統計処理をする十分なデータがないことが多く，経験に基づくデータを事前分布として与え，検査データの追加によって，ばらつき幅を縮小して，真の分布を推定するベイズの定理が利用できる．図4.9は，検査（診断）によってばらつき幅が縮小され，管理余寿命が延長できることを示している．リスクの高い評価対象に適切な検査を実施すれば，破損の起こりやすさ（リスク）を低減できることが，RBI（リスクベース検査）の基本理念である．

破損の起こりやすさを求めるには，懸念される損傷機構を抽出し，その損傷機構に対する余寿命または発生の感受性を求める必要がある．（財）エンジニアリング振興協会の「構造物長寿命化高度メンテナンス技術開発」（平成16−18年度）プロジェクトで開発された以下のツールが使用できる[15]．

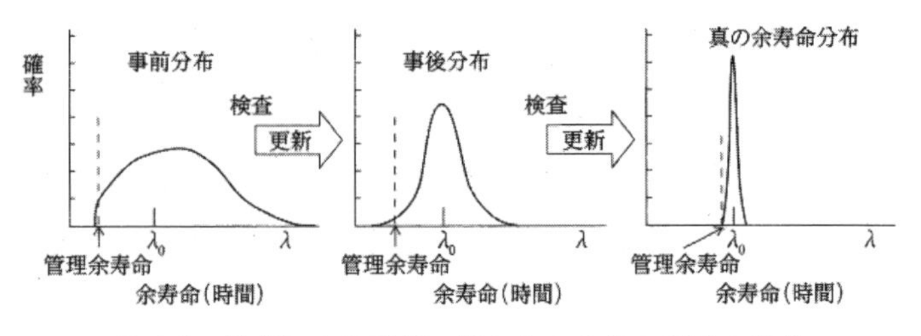

図4.9　検査による破損の起こりやすさの低減の模式

(a) 損傷劣化メカニズム一覧表

各種プラントにおける各種構造物の損傷劣化に関する資料から選び出された構造物に懸念される損傷劣化メカニズムは分類，整理されて示されている．鋼構造物における損傷劣化メカニズムはすべて網羅されているので，メンテナンスの対象に懸念される損傷メカニズムを当てはめる場合のベースとして利用できる．表4.6にその一部を示す．

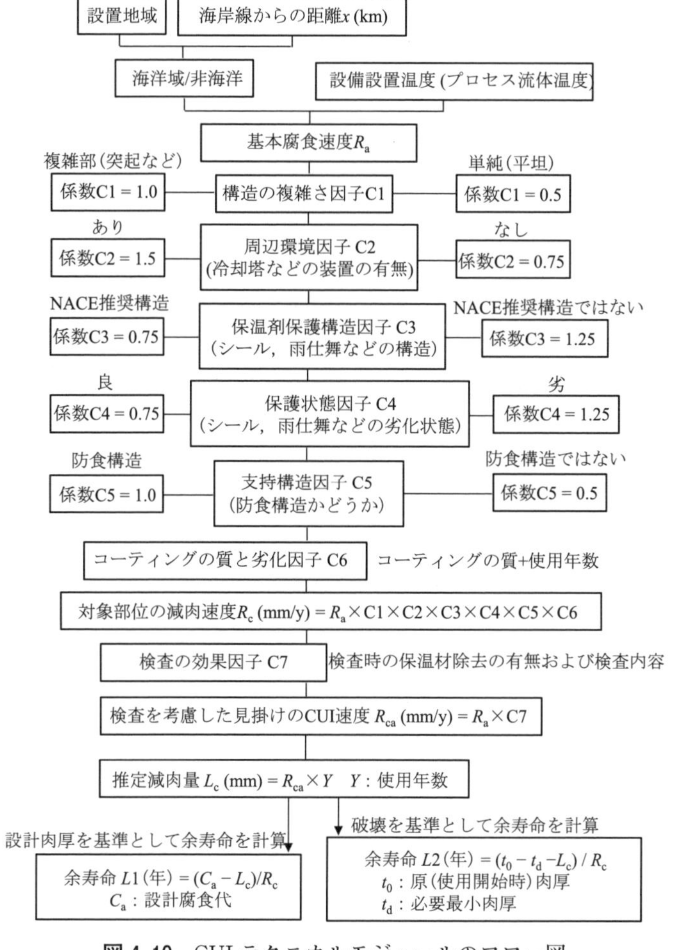

図4.10 CUIテクニカルモジュールのフロー図

(b) 損傷劣化メカニズムのスクリーニング

上記の損傷劣化メカニズムについて，対象とする構造物，機器，部品の使用条件から懸念されるメカニズムのスクリーニングを行う方法が開発されている．一次スクリーニングでは，基本的使用条件（使用温度：100℃未満か，それ以上か，環境：流動性の有無，負荷条件：静的，繰返しなど）によって，損傷劣化メカニズムの大分類である腐食，クリープ，疲労，摩耗，エロージョンおよび冶金的劣化の可能性を示す．

(c) テクニカルモジュール

スクリーニングした損傷劣化メカニズムについて，使用材料，環境などの条件から，その損傷劣化メカニズムに対する余寿命または発生の感受性を求める方法はテクニカルモデュール（TM）として整備されている．しかし，その範囲は未だ石油精製，一部の石油化学プラントにおける損傷メカニズムに限定されている．これから，その整備範囲の拡大が望まれている．一例として，エンジニアリング協会において2005年に作られた保温材下腐食（CUI, Corrosion under Insulation）における腐食量（余寿命）を求めるTMのフロー図を図4.10に示す[16]．また石油精製プラントで見られる炭素鋼の硫化物応力腐食割れを破損の原因の損傷とする場合のTMのフロー図の例を図4.11に示す．

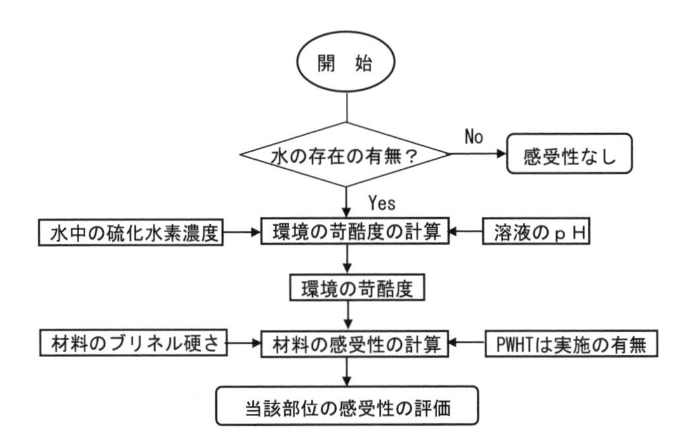

図4.11　炭素鋼の硫化物応力腐食割れテクニカルモジュールのフロー図

破損影響度の決定

リスクベースメンテナンスにおける影響度とは潜在的破損の深刻さを示すものである．影響度評価において，評価対象の破損時に想定される影響度評価は再現性があり，その評価方法は単純で，信頼できるものでなければならない．影響度のカテゴリーとして，健康，安全，環境と経済性などが考慮される．この中から，あるいはその他の影響度カテゴリーを検討して適切な指標を選択する．破損影響度の評価方法には，定性的評価と定量的評価，半定量的評価がある．それらの特徴を以下に示す．

破損影響度のカテゴリー

プロセスプラントにおける破損は内流体の漏洩と定義される．そのため，破損影響度は内流体の流出量を基準に評価するのが一般的である．内部流体の流出は，耐圧機器本体あるいはシール部の破損の結果として，開口が生じ発生する．特に，圧力容器の破損と，その後に続いて発生する有毒物質の放出は，多くの望ましくない影響を引き起こす．解析では通常，これらの影響を四つのカテゴリーから捉え，SHE +経済的影響から評価する．

1）火災及び爆発（安全：S）

火災及び爆発により 2 通りの損傷，つまり熱放射と爆発が生じ得る．熱放射による損傷はほとんどの場合近くにある物質にしか発生しないが，爆発は爆心からかなり遠い距離にある物質にまで損傷を与える．

2）有毒物質（健康：H）

有毒物質の放出は人体への影響がある場合のみ対象とする．短期間の影響も長期間の影響も考慮するが，機器の破損による有毒物質の放出はほとんどの場合短期間であり，その影響のみを評価する．有毒物質の放出は火災より広い範囲にまで影響を及ぼす．可燃物の放出とは異なり，有毒物質の放出の場合，二次的現象（例えば可燃物の場合の点火）は通常考慮しない．

3）環境汚染（環境：E）

環境への影響は，工場でのリスクを考慮する際には常に重要な要素である．検査計画を策定する際には，連続的な低レベルの放出よりも短時間の急激な環境影響に焦点を当てる．

4）事業中断

事業中断による損失は，多くの場合機器破損や環境汚染のコストを上回るため，RBMにおいて考慮しなければならない．また破損部位の補修，更新コストもこの中で評価する．しかし，機器の更新コスト（可燃物による破損を考慮後）は事業中断の損失に比べて，長期的に見ればわずかである．

リスクベースメンテナンスが主として破損による内部流体の流出を検討する場合であっても，必要に応じてその他の機能障害についてもリスクベースメンテナンスの中で対応できる．例えば以下のようなものがある．耐圧機器の内部構成部品の機能損失，あるいは機械的破損，熱交換チューブの破損，安全弁の破損，回転機器の破損などである．

影響度評価のレベル

破損影響度の決定における算定方法は破損発生確率評価の場合と同様，以下のように3レベルがある．

1）定性的破損影響度

定性的手法では機器などの対象物の特定，運転条件と流体性状により想定されるハザードの特定を行う．次に専門家の知識と経験を基に，破損の影響度を機器などの対象物毎に推定する．定性的手法において，破損影響度のカテゴリー（AからE，あるいは高，中，低などと表示）は機器などの対象物毎に割り振られる．各破損影響度カテゴリーに対し数値，閾値が割り当てられることが望ましい．

2）定量的破損影響度

定量的手法では火災及び爆発，毒物，環境，事業中断等に対する破損の影響度を表す事象の適切な組合せモデルを使用する．通常，定量モデルは一つあるいはそれ以上の破損のシナリオの結果から構成される．
例えば，破損の結果，内部流体の流出が発生する場合，以下の項目に基づく破損影響度の計算方法を検討する．

＜検討項目＞機器内の流体のタイプ，機器内の流体状態（固体，液体，気体），内部流体の重要な特性（分子量，沸点，自然発火温度，燃焼熱，密度など），温度，圧力などの運転条件，漏洩時に流出する流体総量，破損モード及び漏洩穴の寸法，流出した後の，常温の状態における流体の性状(固体，気体，液体).

3）半定量的破損影響度

定性的評価と定量的評価の中間的評価方法である．純粋に定量的な計算でなくとも，ある基準に従って専門家がおおよその破損影響度を計算し数値で表す．破損影響度が比較的大きい場合には有効である．得られた結果は，しきい値を設けて破損影響度の区分として割り当て，リスクマトリックスを用いて表示する.

破損影響度評価結果の指標

指標が複数ある場合は，指標ごとに評価する．その内容を以下に示す.

1）安全性

安全性の破損影響度はしばしば数値，あるいは望ましくない事象による潜在的死傷の過酷さと関連付けられた破損影響度カテゴリーによって示す．例えば，安全性の破損影響度は死傷の過酷度を基に，死亡，重傷，要治療，応急処置程度等のように4段階で，あるいは死傷の過酷さをカテゴリー分類し，A～Eのように5段階の記号で示す.

2）経済性

経済性は破損影響度の尺度として一般に使用される．経済性として表せる代表的な破損影響度としては次のようなものがある.

a. 生産の低下あるいは停止に伴う生産損失
b. 緊急対応のための機材，人員の費用
c. 流出により失われた生産物の価格
d. 生産物の品質の損傷による損失額
e. 破損した機器の取り替えあるいは修理費用
f. オフサイトの被害の復旧費用
g. オンサイトあるいはオフサイトへの流出，漏洩物の清掃費用
h. 営業中断のための費用（営業損失）
i. マーケットシェアの減少による利益損失額
j. 傷害治療あるいは死亡者見舞金

k. 土壌の復旧費用
l. 訴訟費用
m. 罰金
n. 信用及び営業権の損失

上記リストは広く挙げたものであるが，実際のリスクアセスメントにおいて，これらの全てを使用する必要はなく，必要に応じて選択する．

3）影響面積

破損影響度を示す指標の一つとして影響面積を使用する場合がある．評価対象範囲内の人口密度，機器は当該装置の中に均一に分布しているものと仮定する．より厳格な取扱いにおいては時間毎の人口密度，装置内のそれぞれ異なる場所における機器配置を考慮し評価する．影響面積による取扱いにより，漏洩，流出に伴う物理的範囲，及び毒性や火災の影響度を比較することができる．

4）環境汚染

環境に対する破損影響度の指標について，共通の指標を定めるのは現状の技術では困難である．環境への破損影響度の間接指標として用いられている典型的なパラメータとしては下記のようなものがある．

a. 年当りの影響を受ける土地の面積
b. 年当りの影響を受ける海岸線の長さ
c. 環境汚染により失われる自然環境あるいは人間生活に必要な食料等の資源量
d. 環境汚染は環境を復旧させるため必要な期間と単位時間当たりの費用を掛け算することにより求められる．

化学，石油化学産業における影響度評価の例を以下に示す．

その他の被害の大きさの算定例

エンジニアリング協会が2005年に実施した「機械システム等のメンテナンス最適化のためのRBM手法の開発に関するフィージビリティースタディ」で開発された被害の大きさ算定ガイドラインでは，図4.12に示すフ

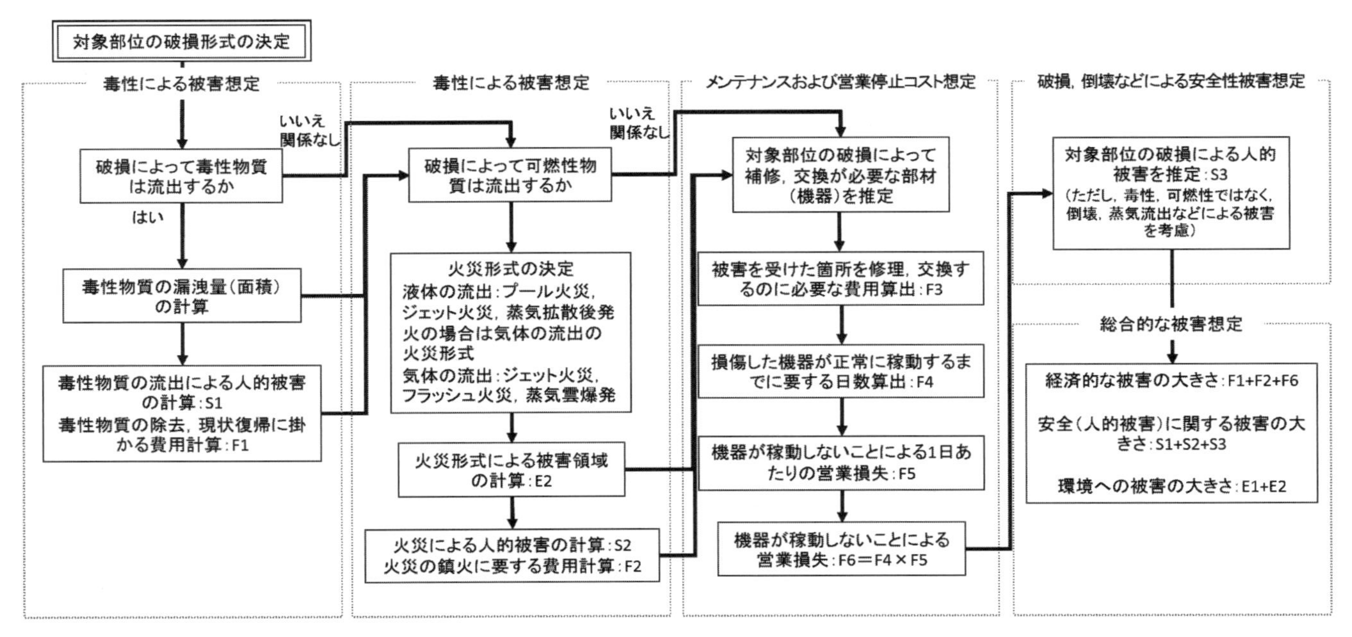

図 4.12 被害の大きさの算定フロー図

ローに従って被害が算定できる[17)]．対象とするプラント，設備において想定される被害を毒性，可燃性，操業損失，人身災害の順に算定することで，最終的に経済性，安全性，環境の3ケースの被害が求められる．

化学プラント，石油精製プラントなどにおいては，環境への被害が重要である．環境への被害の大きさに関しては，毒性および可燃性物質の影響を受ける面積を評価することになる．これらの計算に関しては，TNO[18,19)]，API581，日本化学工業協会[20)]などの文献を参考に算出することができる．

リスクの決定

リスクは定量的には次式で，半定量的あるいは定性的には破損発生確率と破損影響度を両軸に設定したリスクマトリックスへプロットすることで決定される．

$$\left(\text{リスク}\right)=\left(\text{破損発生確率}\right)\times\left(\text{破損影響度}\right)$$

複数のシナリオが存在する場合，各シナリオごとにリスクを評価する．しかし，特定のシナリオが支配的である場合，そのリスクを代表値として用いることができる．

リスクの決定について以下に補足する．

1）リスクマトリックス

破損発生確率とその影響度をリスクマトリックスで表わすことは，数式を使用せずにリスクの分布を知るうえで極めて有効な方法である．通常，区分と数値を対応付けることは必要である．異なったサイズのマトリックスも利用可能である（5×5,4×4 など）．選択されたマトリックスにかかわらず，破損発生確率と破損影響度の区分は，アセスメントする項目について明確なものでなければならない．図 4.13 にリスクマトリックスの一例を示す．

リスク区分はリスクマトリックスのリスク区分に割り振られる．破損発生確率に比べて，その影響度のウエイトが高い場合には，非対称になることもある．

リスクマトリックスは，図 4.13 に示すように縦軸に破損発生確率，横軸に

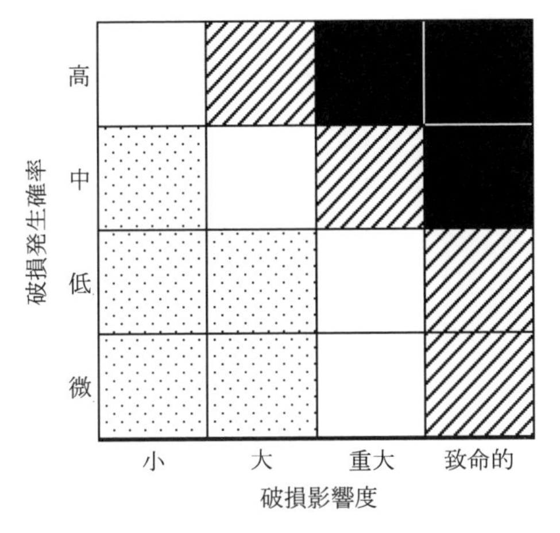

図 4.13 HPIS Z106に示されているリスクマトリックスの例

破損影響度を示し，各軸を複数のカテゴリーに分けて結果を該当部位にプロットする．リスクもいくつかのカテゴリーに分けられる．図 4.13のリスクマトリックス上で破損発生確率は上に行くほど高くなり，破損影響度の大きさは右に行くほど大きくなる．そのため，リスクはマトリックス上では左下が一番小さく，右上に行くほど高くなる．

2) リスクプロット

定量的な破損発生確率と破損影響度のデータが利用できる場合や，数値で表現されたリスクがより有意義である場合には，リスクプロットまたはグラフを利用する．このグラフは，リスクマトリックスと同じ考え方で作られている．アセスメントする項目の相対的なリスクをよりよく理解するために，両対数目盛りをリスクプロットにおいては使用する．図 4.14にリスクプロット図の例を示す．

3) リスクマトリックスまたはリスクプロットの利用

リスクプロットないしリスクマトリックスで右上に位置する機器は，高いリスクを有しており，保全対象として優先順位が高い．同様にリスクプロットまたはリスクマトリックスで左下に位置する機器は，リスクが小さいため，保全対象としての優先順位は低い．このように，リスクプロットまたは

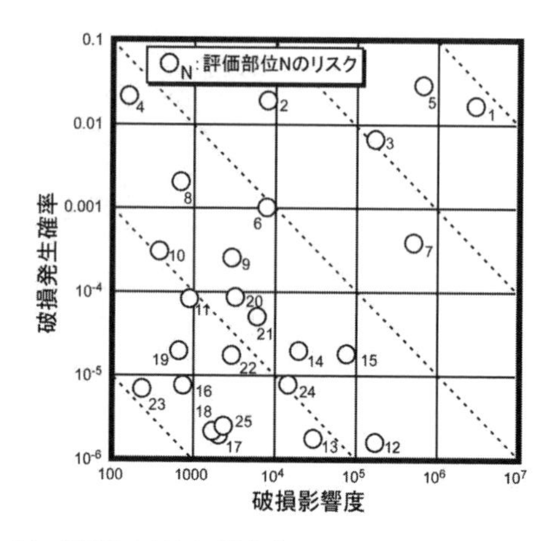

図4.14　HPIS Z106に示されているリスクプロットの例

リスクマトリックスは，優先順位を決める上でのスクリーニング用の道具としても使用できる．

4.2.3　意思決定と保全計画

リスクアセスメントの結果，評価対象各部位のリスクが決定され，定量的にはリスク順位が，定性的あるいは半定量的には高リスクから低リスクの何段階かに分類されたリスクレベルに含まれる部位が特定され，その結果は，検査計画，広くは保全計画に反映される．

リスクベースメンテナンスでは，リスクアセスメントの結果に基づき意思決定をし，それらを保全計画として具体化する．意思決定にあたってはリスクの（1）受容レベル，（2）感度分析，（3）データ欠落時の対応，保全コスト，資源の配分などを考慮する．

(1)　リスクの受容レベル

健康，安全，環境，財政面からリスクを評価し，受容可能な基準を設定する．リスクマトリックスやリスクプロットを分割し，リスクの受容可能ないし不可能な領域へと分類する．その閾値は，安全管理，財政方針及び規格や

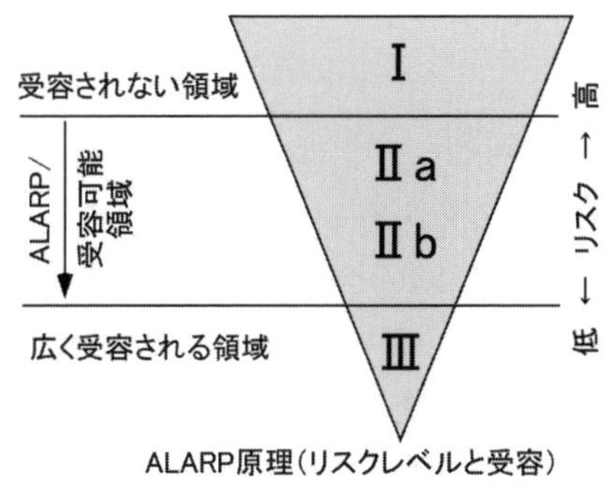

図 4.15 ALARPの逆三角形

法規類などの種々の制約事項により決められる．受容可能レベルまでリスクを常に削減することは，技術的にもコスト削減の面からも実用的ではない場合がある．この問題に対しては，「合理的実用性の範囲でできるだけ低く」（ALARP （As Low As Reasonably Practicable）と略す）というリスクマネジメント方針や，その他のリスクマネジメント方針が必要である．図4.15にALARPの逆三角形の図，キャロット図とも呼ばれるものを示す．

(2) 感度分析

感度分析は，リスク計算用の数点ないし全ての入力変数が，最終的なリスク値に全体としてどう影響するかを調べることである．この分析を一度実施すれば，どの入力変数がリスクに対してどの程度影響を与えているかが分る．典型的な例として，初期の段階での破損発生確率とその破損影響度の見積もりがあまりにも安全側の場合，感度分析を行い，重要な入力変数が特定され，リスク解析の品質と精度が向上する．

(3) データ欠落時の対応

破損発生確率や破損影響度に関するデータが入手できないときには，仮定もしくは入力値を見積もることが行われる．データの存在がわかっている場合でも，初期解析においては安全側の見積が用いられる場合がある．この場合，次の段階の入力や感度分析の際にそのデータの使用を再検討することが必要である．

リスクマトリックスを利用したリスクレベルの分割例

算定したリスクへの対応を決めることが，RBM手法の最大の課題である．その例として，図4.16に，4×4のリスクマトリックスを，ⅠからⅣの四つのリスクレベルに分割し，それぞれ以下の対応を想定したものを示す．

レベルⅠ：受容（法規に定められた以外の保全は不要である）

レベルⅡ：条件付受容（例えば，実施している現状の検査を今後も実施する条件で，運転継続を受け入れる）

レベルⅢ：要計画変更（次回の定期検査でより適切な保全を実施し，リスクをレベルⅡ以下に低減しなければ，運転の継続は認めない）

レベルⅣ：受容不可（即座に適切な保全を実施して，リスクをレベルⅡ以下に低減することが不可欠である）

レベルⅢおよびⅣに対しては，リスク低減策を実施する必要がある．リスク低減は破損発生確率と破損影響度のどちらか，または両方を低減することで達成できる．

破損発生確率を下げる対策としては，以下が考えられる．(1) 検査手順を

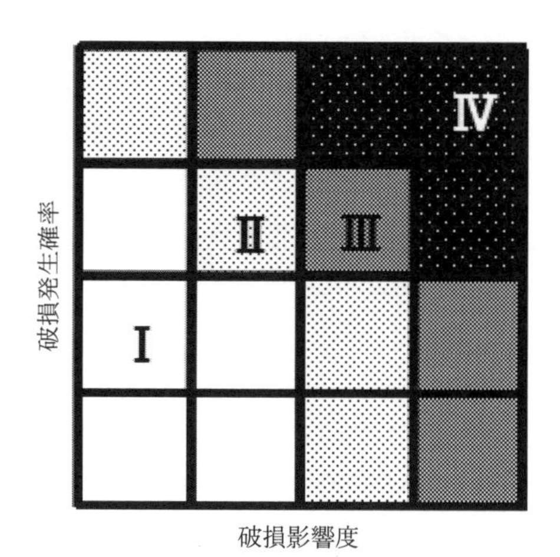

図4.16　4×4のリスクマトリックスを4つのリスクレベルに分割した例

変更し，より高度な検査を実施する．(2) 運転条件を見直し，負荷のかからない条件で運転を実行する．(3) オンラインモニタリングを設置する．(4) 検査間隔を変更する (5) 補修または取替を実施する．また，破損影響度を下げる対策としては，以下が考えられる．(1) オンラインモニタリングを設置する．(2) 安全装置を設置する．(3) その他，被害の拡大を防ぐような処置を施す．などである．

4.2.4　リスクに基づく意思決定

各評価対象のリスクと受容レベルに基づいて意思決定を行う．受容できるリスクと判断された場合は，それ以上のリスク低減対策は必要ではない．しかし，受容できないリスクと判断され，リスク低減を要求する場合には，破損発生確率の低減や，破損影響度の低減，またはその両方を検討する．

図 4.17 は，可燃性，爆発性，環境汚染性物質を扱うプラント，設備での漏洩，流出による被害に対する被害低減策を考慮した破損影響度算定のフローを示す．漏洩の「検知」，「遮断」，「ブローダウン」能力，流出した液体が敷地外に流出しないようにするための防油堤などでの「囲い込み」能力，火災発生の場合の「消火」能力，人的被害低減のための「検知」，「避難」能力を評価して，被害の大きさの算定を行う手順である．

HPIS Z106 に示されているリスク低減の検討例

受容できないと判断され，リスク低減を要求する場合には，以下のことを検討する．

(1) 廃棄処分　その機器が運転上必要なければ廃棄する．
(2) 補修，状態監視　リスクが受容限界以下になる場合は実施する．
(3) 影響度低減　破損による被害損失を低減する対策が採れる場合に適用する．
(4) 発生確率低減　材質変更や機器設計の変更などにより低減が可能な場合に適用する．

これらを具体化するリスクマネジメントとして以下のことを検討する．

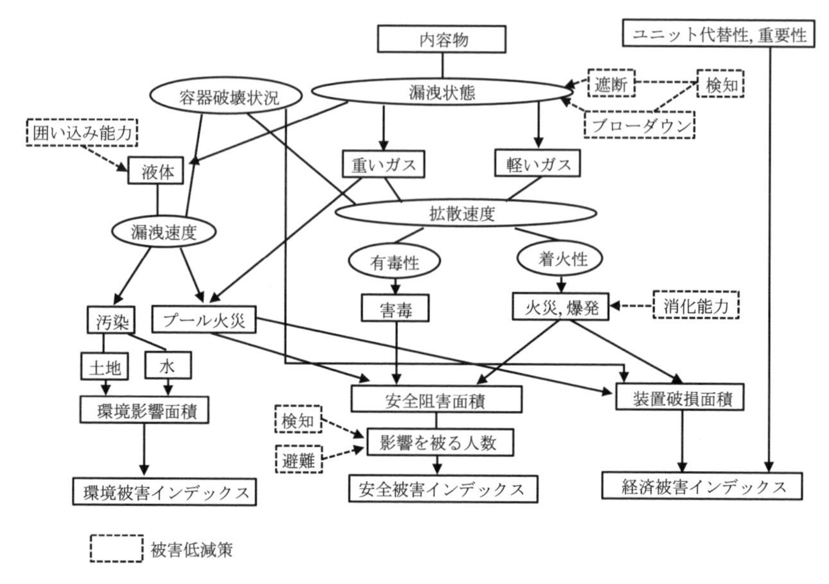

図 4.17　内容物の漏洩を破損とし，破損影響度の算定手順と被害低減策

運転におけるリスク低減

設備の健全性と機能的な効率は，その設備が使用されている定常状態や異常状態において，いかに安全かつ信頼性を保持できるかということに依存する．リスクベースメンテナンスを実行する際，一つまたは複数のメカニズム（例えば腐食，疲労，割れ）に対する設備の感受性を評価する．それぞれの設備の損傷に対する感受性は，以下のような要因を含んだ現状の運転条件で明確に定義する．

(1)　流体，汚染物質，危険な部材

(2)　処理量

(3)　稼働率

(4)　異常状態も含めた運転状態

現在運転中の設備の定常状態では，一つもしくは複数の損傷メカニズムから，破損の発生確率を決定する．この発生確率を破損の影響度と組合せて運転リスクを決定する．運転状態における検査，材料，運転条件の変化などがあった場合，リスクを低減することが必要となる場合がある．

検査によるリスク低減

検査することにより，破損の発生確率の予測精度の向上と，損傷状態に関する情報が増加する．検査は破損の発生確率に関する不確実性を減少させる．破損の発生確率は以下のような四つの要因に依存する．

(1) 損傷の種類とメカニズム
(2) 損傷速度
(3) 損傷の特定と検出確率及び検査技法に依存する損傷の推定
(4) 損傷の種類に対する設備の耐用性

リスクベースメンテナンスを適用して得られる基本的な成果物は設備の検査計画である．検査計画は現在の運転状態に対し低減できないリスクを明確にする．受容できないリスクに対しては，受容できるレベルまで減じることを要求する．検査計画では，推奨する検査及び試験の種類，目的，実施時期を明確にする．リスクのレベルは検査及び試験の優先順位及び緊急性を示す．

保全をすることによって不確実性を減らし，予測精度を向上させることは，破損発生の可能性を減らすことにつながり，結果としてリスクを低減することになる．保全を通してリスク低減を実現するに当たっては，事業者が保全結果に基づいてタイミングよく行動することを前提としている．収集された保全データが適切な方法で評価され，必要な時期に実行されなければ，リスクの低減は達成できない．保全データ及びその評価の質は，リスク低減に大きく影響する．したがって，正しい保全方法とデータ評価手段が必要である．

保全がリスク低減に有効かどうかは，下記事項に基づき判断する．

(1) 機器の型式
(2) 損傷のメカニズム
(3) 損傷速度ないし損傷感受性
(4) 保全の方法，範囲，及び頻度
(5) 損傷が予想される部位へのアクセス性
(6) 運転停止の必要性

(7) 破損発生確率の信頼性

なお，低い破損発生確率を持った機器などの対象物のリスクをさらに低減させることは，保全だけでは達成しにくい.

機器などの対象物の余寿命や損傷メカニズムの中には，保全を利用したリスクマネジメントの効果がない場合がある．その例を以下に示す.

(1) 腐食が進行し，機器の寿命が末期の場合

(2) 運転条件の急激な変化に伴う，ぜい性破壊などの突発的な事故

(3) 損傷を適切に検出し定量化するのに十分な検査技術がない場合

(4) 損傷速度が非常に速く，通常の定期検査では検出ができない場合

(5) 大災害，大事故の影響による予知できない環境下での破損の場合

これらの場合には，リスク低減のため，別の方法が必要になる．最も実用的で，経済効率の高いリスク低減策が機器などの対象物ごとに設定される.

保全費用のマネジメント

リスクベースメンテナンスを使うと保全費用をより効率的にマネジメントできるようになる．保全計画を基に，選定された高リスクの部分へ，持てる資源を集中して適用することができる．その結果，リスクの低い，またはリスクに対し保全活動がほとんど，または全く影響を与えないところへの保全活動が低減でき，保全資源を最も必要とするところへ集中できることになる．保全費用マネジメントのもう一つの対応は，運転を停止，開放せず，運転中に保全できる機器などの対象物を明らかにすることである．もし運転中検査が十分可能ならば，定期検査の費用が不要となる．対象とする機器が直ちに運転停止に結びつくような重要なものであるときには，運転中検査は，その機器の実稼働時間を増加させる.

その他のリスクマネジメント

検査だけでは，リスクは適切にマネジメントできない．検査で対応することが不適当なものとして次のような例がある.

(1) 廃棄間近の設備に対する検査

(2) 受容範囲内の運転条件におけるぜい性破壊や疲労などについての検査

(3) リスクの支配的な要因が影響度である対象物についての検査

以上のケースでは，検査以外のリスク低減策，例えば設備の補修，更新，高級化，設備の再設計，運転条件の変更などが，受容可能なリスクレベルを達成するための適切な方法となる．

化学，石油化学産業における検査以外のリスク低減方法の例

(1) 緊急遮断

緊急遮断能力は，内部流体の放出の際に，毒性，爆発，火災の影響度を低減することを可能とする．遮断弁の適切な配置が，リスク低減を成功させる鍵となる．際だったリスク低減の効果を求めるときは，通常，遠隔操作が要求される．火災や爆発のリスクを低減するには，運転において，検出後に，素早く（2～3分以内に）操作できることが必要である．しかし，反応時間が長くても（遅い反応でも），進行中の火災や毒物の放散による影響を低減することがある．

(2) 緊急減圧，減容

この方法は，放出速度と放出量を低減するものである．緊急遮断と同様に，緊急減圧や減容は，爆発，火災リスクへの影響を考えると，2～3分以内に完了する必要がある．

(3) プロセス変更

影響度に対する主要因のリスクを低減するには，プロセスを危険性のより少ない状態へと変更することが求められる．例として，

a. 温度を沸点以下にして，発生蒸気雲（cloud）のサイズを小さくする．
b. 危険性の少ない物質に変える．例えば，フラッシュソルベントを低沸点から高沸点にする．
c. バッチ運転の代わりに連続プロセスを採用する．
d. 危険物質を希釈する．

(4) 滞留量の削減

この方法は，影響度の大きさを小さくする．例をいくつか挙げる．

a. 危険性のある原料または中間製品の貯蔵量を減らす，または，なしにする．

b. プロセスコントロールを修正して，サージドラムまたはリフラックスドラム中の，または，他のプロセス中の滞留量を減らす．

c. 滞留及び停滞量がより少ないプロセス運転方法を選択する．

d. 液相プロセスから気相プロセスに切替える．

(5) 水スプレー，浸漬

この方法は火災の損害を減らし，拡大を最低限にするか，または，拡大を防止する．正しく設計されたシステムは，容器が火に晒されても，BLEVE（Boiling Liquid Expanding Vapor Explosion）の可能性を著しく低減させる．

(6) 水幕（ウォーターカーテン）

水スプレーは大量の空気を発生蒸気雲の中に取り込む．水膜は，水溶性の蒸気雲を吸収または希釈により低減し，不溶性の蒸気（大部分の引火性のものを含む）を空気希釈により低減する．迅速な作動がリスクを減らすために必要である．水膜の望ましい位置は，放出点と点火源（例　加熱炉）との間，または，放出点と人間のいる可能性のある場所との間である．条件によっては，水膜が火炎伝播速度を高める場合があるので，引火性物質の場合は設計が重要になる．

(7) 防爆構造

防爆構造の採用は，爆発による被害を小さくするのに役立ち，事故の拡大を防ぐ．建築物に採用した場合，人間を爆発の影響から守る．緊急時の対応に必要な機器とか重要な計器及びコントロール用配線等に対しても防爆構造は有効である．

(8) その他のリスク低減方法

a. 漏洩検知機

b. スチームまたはエアカーテン

c. 耐火被覆

d. 計装（インターロック，停止システム，警報など）

e. 不活性化またはガスシール

f. 建物及び密閉構造物の換気

g. 配管系の再設計

h. 機械的流量の制限

i. 着火源の管理
j. 設計基準の改善
k. プロセス安全マネジメント計画の改善
l. 緊急排気
m. 避難所（安全な避難所）
n. 建物の排気孔に設ける毒物吸収装置
o. 点火源の封じ込め
p. 施設の立地
q. 状態監視
r. 訓練及び手順の改善

などである．

4.2.5　保全計画の作成

保全計画には，保全対象部位の選定，頻度，範囲，機材と方法，手順などを検討する．

石油精製，石油化学，化学プラントに代表されるプロセスプラントに対し実施した例を以下に示す．これも HPIS Z106 の附属書の中で取り上げられているものである．リスクの大きさにより優先度を決め，優先度の高いものから対応策を検討してゆく．

保全優先度の選定

保全の優先度と対象となる機器などの選定は以下に基づく．

(1) 新しい機器などの対象物は安全であると認める．
(2) 類似の運転条件/環境での類似機器などの対象物は同様に経時変化をするものとして扱う．
(3) 類似機器などの対象物については，その代表により安全を保障することができる．
(4) 類似機器などの対象物の保全の割合と保全の頻度はリスクと考慮する損傷メカニズムにより決められる．
(5) 保全する重要な機器などの対象物を見落とさないため，ルールベースの規格，基準化を行う．

(6) 保全間隔は期待する安全，環境の範囲内（5年，10年等）で決定する．

(7) 保全結果は，保全量を増加させることにより保全方策を再定義するか，保全の頻度を増やすか，あるいは運転条件の緩和，補修，機器の取替え等の実施，精度を高めるためのリスクベースメンテナンスの見直しなどをしない限り変更できない．

保全活動によるリスク低減方法

検査はリスクマネジメントの有効手段である．しかしながら，検査は，必ずしも十分なリスク低減をもたらすわけではなく，最もコスト的に有効的な方法であるわけでもない．

リスク低減方法の実施により，以下の一つあるいは二つ以上の効果を生む．

(1) 破損影響度の低減

(2) 破損発生確率の低減

(3) 破損に対する設備と人への影響の低減

(4) 破損影響の発生源に対する低減措置

なお，ここで述べるリスク低減方法は，その一部でありすべてのリスク低減方法を含んでいるわけではない．また，そのリスク低減方法は，特定の状況についてのみ適用可能である場合があり，リスク低減方法の選択とその実施については十分に検討されなければならない．以下にプロセスプラントで採用されるリスク低減の例を示す．

a. 機器などの対象物の更新及び補修

機器などの対象物の損傷リスクが受容レベルの範囲内に管理できないくらいに損傷が進行した場合には，更新や補修がリスクを低減する唯一の方法となることが多い．

b. 機器などの対象物の仕様変更，再設計，再格付け

機器などの対象物の仕様変更や再設計は，破損発生確率を低減することがある．例えば，以下のような場合である．

(1) 材質変更
(2) 保護を目的としたライニングや被覆の追加
(3) デッドレグの除去
(4) 腐食しろの増加
(5) 損傷の制御や最小化に寄与する物理的な変更
(6) 被覆材（保温材，保冷材など）の改良
(7) 注入点の設計変更

機器などの対象物は，操業及び製造プロセス条件のために過剰設計されている場合があり，対象物の再評価を行うことで，破損発生確率の見積もりを低減できることがある．

保全対象部位の選定

類似の材料，運転環境，破損影響度を持つ機器などの対象物の部位は，保全計画を作成するため，共通のカテゴリーのグループに分けられる．

a. リスクと損傷速度に基づき，最優先として区分けされた機器などの対象物は，保全の範囲，量を現状より多くすること．
b. 第2優先と区分けされた機器などの対象物は，保全の中に重要な部位を追加して保全する．あるいは，モニタリングを要求する．
c. 第3優先の機器などの対象物は，法律で要求されない限り，日常点検以外の保全は要求されない．
d. 機器の保全部位は，最も高い応力部となる溶接部あるいは形状不連続部を優先する．

保全によるリスクマネジメント

有効な過去の保全データは現在のリスク決定に必要な一要素である．将来のリスクは，今後の保全活動によって影響される．リスクベースメンテナンスは，将来のリスクを受容可能なレベルに保つため，「何時，何を，どのようにするか，」に答える手段としても使用できる．将来のリスクに影響を与える主要なパラメータとその例を示す．

(1) 保全の頻度

保全頻度を増やせば，損傷メカニズムについてより良い同定と監視が可能となり，リスクを減少できる．日常の保全と定期修理時の保全の両方につい

て最適の保全頻度を決めることができる．

(2) 保全範囲

リスクの受容可能レベルを達成するために，ある部位について異なった手法による保全をしたり，複数の部位をまとめて保全したりすることによってモデル化やアセスメントが可能となる．

保全方案は対象とする損傷メカニズムに基づいて，保全の頻度，方式，範囲を示さなければならない．保全方案は，対象毎に，異なった頻度，方式，及び範囲となる．すなわち，より少ない頻度，特化された保全，高いあるいは非常に高いリスクレベルに対する範囲の増加，非常に低いリスクレベルに対しては範囲の減少など，異なってくる．特化された保全は，評価により同定された特殊なタイプの損傷メカニズムを検出することを可能にするものである．例えば保温材下の腐食，応力腐食割れ等を検出するための保全手法等である．

(3) 保全機材と保全技法

適当な保全のための手段と技法を最適化することによって，費用を効率的に使用し，リスクを安全に減らすことができる．保全機材と保全技法を選定するに当たって，保全担当者は二つ以上の技法の組合せがリスクの低減を達成しやすいことを考慮する．しかし，達成するリスク低減のレベルはその技法の選択によって変わってくる．例えば，局部的な腐食に対する厚さの検査においては，超音波方式より放射線方式の方がより効果的である．

(4) 手順及び実施

保全の手順と実地での保全の内容によって，損傷メカニズムの同定，測定，または監視のための保全活動能力が影響を受ける．よく訓練された資格のある保全員によって保全作業が効果的に実施されれば，期待通りのリスクマネジメントが達成できるはずである．使用者が考慮することは，保全員が全て十分な資格や経験を持つことを保証する手続きを確立することである．保全方案の作成においては，対象としている損傷メカニズムが，どのような検査方法により最も良く検出されるかを考慮する．評価において特別な機材，技法，及び手順が必要であるかどうか，特別な保全員の資格が必要であるかどうかを指定する．

内部及び外面検査の両方によって評価することが望ましい．効果的な運転中検査技術による外面検査は，しばしばリスクアセスメントに有用なデータを提供することができる．圧痕や切欠き傷が残るような検査は場合によっては，損傷の原因となり，機器の破損発生確率を増加させることに注意する．このような例としては以下のようなものがある．

a. 機器に応力腐食割れ（SCC）ないしポリチオン酸割れをもたらす水分の浸入
b. グラスライニング容器の内部検査
c. 保護膜，コーティングの破損
d. 機器再起動時のヒューマンエラー
e. 機器の運転停止ないし起動に関連したリスク

使用者は適切な保全計画を作成するに当たって，リスクマネジメント，資金の有効使用，及び実用化のために，以上のパラメータを考慮しなければならない．

(5) 機器などの対象物へのアクセス

保全方案では，どのようにして対象物へアクセスできるようにするか，例えば，足場構築，機器内への立ち入り，保温材の除去等，を示さなければならない．保全方法により要求するアクセス方法は異なる．例えば外部からの超音波肉厚測定を行うために保温された機器からの保温材の除去が必要になる．アクセス要件を決める時には，運転状況，最近の運転履歴，現状の機器の状態，保全を容易にするための資源，保全方針や手順等を考慮することが必要である．

4.2.6 保全計画の実施

保全計画に基づき保全業務を実施する．石油精製，石油化学，化学プラントに代表されるプロセスプラントに対し実施した例を以下に示す．これもHPIS Z106の附属書の中で取り上げられているものである．

保全計画のレビュー

損傷メカニズム，損傷速度，損傷形態による機器の耐久性などの保全結果は，余寿命の評価や将来の保全計画の策定に活用される．その結果はまた，破損発生確率の決定に使用されてきたモデルの比較や有効性の確認に使用することもできる．文書化されたリスク低減計画は，修理や交換が必要とするものに対しても準備しておく．行動計画は修理ないし交換の程度，推奨事項，望ましい修理方法，該当する品質保証，品質マネジメント及び計画を完成させるために必要なすべてのデータについても規定する．

保全方案は保全の有効性を決定するための条項を考慮しなければならない．そのため，周期的，系統的なレビューによって，保全方案が規格あるいはガイドラインに従っているかを評価する．自己監査はその一つの方法で，効果的な監査は以下の点を考慮する．

a. 一貫性を確実にするためのレビュープロセスの利用
b. 監査員による結論
c. 保全計画のマネジメント要素のレビュー
d. 個々の耐圧項目の保全に特有の要素のレビュー
e. 保全計画の弱点の特定
f. 必要な箇所への修正作業の検討
g. 保全結果，報告書の利用
h. 監査スケジュールの決定

リスクベースメンテナンスによる保全実施

(1) 保全計画のマネジメント

保全計画の実施においては，すべての関係者を特定し，役割と責任を理解する．保全計画の実行で以下の責任者あるいは組織を明確にする．

a. 計画の承認とマネジメント
b. 保全部位へのアクセスの用意
c. サイトの準備
d. 保全と報告
e. 結果の評価
f. 補修
g. サイトの復旧（保温の復旧など）

実行中に保全計画の改正が必要となる状態に遭遇するのは珍しくない．改正内容は直ちに記録する．改正を実施する前に，承認権限をもつ人及び組織を明確にする．

(2)　保全計画の除外

a. 保全の期間中に選択された項目を実施することができない場合，作業現場で項目の除外をするための基準を記述する．また類似の項目で代用するための基準を記述する．

b. 計画された保全項目を除外する場合は，継続的な運転が，要員，システムの安全を疎外することがないことを確認する．

(3)　保全結果の文書化

保全方案では，保全内容及び保全結果，その他の関連する以下の情報を記録する．

a. 保全結果　機器などの対象物の識別，保全日，保全方法/技量，保全技師，保全結果，及びその他の関連情報を記録するための様式，または説明書の提供．

b. 欠陥の報告　保全方案では，保全中に検出された欠陥を報告する方法を指定する．

c. 再保全結果　補修後の再保全の記録，保全報告用手順の提供．通常，再保全結果を初期の保全と同じ様式に記録することが望ましい．代わりとして，初期の保全結果のコピーを付けても良い．補修と再保全が保全中に発生したことを認識できることが重要である．

(4)　不適合のマネジメント

組織における適切な人員による欠陥の評価，処置が行われたことを保証するため，不適合あるいは問題の報告システムを利用することが望ましい．この報告システムには問題の特定と報告，処置，再保全結果を含むこと．また少なくとも以下を含むことが必要である．

a. **処置権限**　状況の評価，適切な処置の決定に責任を有する組織の指定．この処置とは補修，取替え，現状のまま使用，後日の保全である．

b. **再保全要求**　補修後の再保全の要求と合格基準の指定．最低限，補修は同じ方法，範囲，状況を明確にした合格基準により保全されなければならない.

c. 不適合の処置完了　何時，不適合への処置報告が完了できるか，どのような承認が必要かの指示.

(5) 保全方案の範囲

保全方案には以下のような項目を記述する.

a. 日程（スケジュール），予算の問題　予算額，保全を完了するのに必要な日程（スケジュール）のレビュー．不十分であるならば，方案責任者がその対応を決定する．プランが数年に渡るならば，現状の保全期間で実施する対象の優先順位を決定する.

b. アクセスの問題　それぞれの部位に対するアクセス要求の決定．準備作業と保全上のアクセスの両方を考える．例えば，保温材が十分除去され，要求する足場が設置されること等の確認．要求する電源，照明，空気，水の接続が利用可能かの確認.

c. 表面処理に関わる準備作業要求　グリットブラストは，ワイヤブラッシングあるいはグラインディングより多くの支援を必要とする．周囲の状況により，重要な機器にクリーニング材による汚染の可能性がある場合，その部位の周りに防護柵を建設し，移動，あるいは除去工程の前に材料評価を行うことが必要になる.

d. 保温材の除去　保温材の除去が必要な場合，十分に保全が行われるだけ除去されたかを確認する．また，使用されている保温材を確認する．（注意項目）危険性物質の低減：アスベストなどの危険性物質についての取扱い，及び処分のためのサイトでの規則を熟知，理解することが必要である.

e. 契約問題　契約企業者が契約に基き仕事をする場合，当該人がその仕事に対して資格があることを確認する．例えば，NDE，溶接者．また，NDEと必要な溶接要領書がこの仕事に対して資格付けされているか確認すること.

f. 保全計画へのフィードバック　保全結果と補修の書類を，計画の分析を行う責任の人に送る．この情報は品目の再評価とリスクランキングの調整に使用する.

メンテナンス計画作成と実施

上記の対応策を実施した場合の再リスク評価を行い，すべての評価部位でリスクが許容できる範囲内に入ることを確認すれば，この対応策がRBMによるメンテナンス計画となる．このメンテナンス計画に従って検査，保全を実施し，検査，補修などのデータは次回のリスク評価に反映される．このサイクルの繰り返しによって，設備の信頼性は向上する．さらに通常，RBMはソフトウェアを用いて実施するので，電子化されたデータは蓄積され，技術の伝承も可能とする．

4.2.7 再評価と文書化

リスクベースメンテナンスにおいて，評価対象としている装置，設備，機器等に発生する破損の原因となる種々の損傷，劣化現象は経時的に変化し，その使用条件も変更される場合がある．そのため，リスクベースメンテナンスの適用期間を明確に定める必要がある．その期間が経過した場合，あるいは損傷程度，使用条件などに変更があった場合には，再評価を行うことが求められる．

また，リスクベースメンテナンスを実施した条件，経緯，結果について以下の項目を文書化することが求められる．

(1) アセスメントの手法

リスクベースメンテナンスに採用した手法は，アセスメントの内容を明確化するために記録する．破損の発生確率と影響度についての論拠は，明確に記録する．特別なソフトウェアを使用した場合，そのソフトウェアを記録し保管する．意思決定過程の論拠及び論理を後日チェックまたは再実施できるように，記録は，完全に残す．リスクベースメンテナンス実施者による評価結果の差異を生じることを防止するため，できればリスクベースメンテナンス作業マニュアルを作ることが望ましい．

(2) 実施者氏名

リスクアセスメントは，解析を実施する要員の知識，経験及び判断に依存することから，アセスメントに参加した要員を記録する．後日，再実施あるいは更新する時に，リスクアセスメントの根拠を理解する上でも有益である．

(3) アセスメントの適用期間と再評価

損傷の程度は経時的に変化し，操業条件も変更する場合があるため，リスクベースメンテナンスの適用期間を明確に定め，期間が経過した，あるいは前述のような変更があった場合には再評価される．再評価が必要になる主たる要因を以下に示す．

a. プロセスの変更

ほとんどのプラントは，業種によらず，特定な期間の経過後に更新が必要となる．機能低下，生産改善，信頼性向上及び作業負荷低減のために，機器を交換する．場合によっては，古い機器は，使用条件，使用環境，使用原料等々，当初の設計条件とは異なったもとで使われることがある．操業条件の変化またはプロセスの変更は再評価が必要な要因である．

b. 検査結果に基づく再検討

減肉や損傷状況の検査結果と供用状態から，適用するリスクレベルが適切であるか再検討が必要である．

c. 社会経済性の変化

関連法規，規則，規制は変更することがある．経済要因（製品価値，交換コスト）も変化する．これらは再評価が必要となる要因である．

(4) リスクを決定するために用いた入力データとその根拠

破損の発生確率及び影響度を評価する際に使用した種々のデータは記録する．

項目例を下記に示す．

a. 装置の基本的データ及びアセスメントに対して大きな影響を及ぼす保全履歴の項目．例えば，運転条件，構成材料，サービス環境，腐食速度，保全履歴，その他

b. 運転により生じる損傷メカニズム（潜在的な損傷も含む）

c. 各々の損傷機構の程度を判定するために使用する判断基準
d. 予想する破損モード（漏れや破断等）
e. 各々の破損モードの程度を判定するキーファクター
f. 安全，健康，環境及び財務等，種々の分野での影響度評価基準
g. 受容リスクを評価する判断基準

(5) アセスメントに用いた仮定

リスク解析は，その性質上，装置損傷の特徴や程度に関して，仮定を設けることが必要となる．さらに，破損モードの想定や予期する事象の程度は，解析が定量的又は定性的に関わらず，多様な仮定に基づいていることが多い．全体的なリスクの根拠を理解するために，これらの要因を記録として残すことが大切である．発生確率や影響度の解析に際して設定する重要な仮定を，明確に文書化して記録することは，リスクベースメンテナンスを再実施または更新する上で重要である．

(6) アセスメントの結果

破損発生確率，破損影響度及びリスク結果は，文書記録として残す．リスク低減を要求する事項に対して，低減後の結果も同様に文書化することが重要である．

a. 保全方案及び結果の記録

初期の保全方案の開発，計画の実行，結果の評価，補修/取替え記録，保全結果，将来の再保全要求，次回に対する計画の改正の記録を保有することは重要である．これらの記録には次項を含むものとする．

b. 保全方案の特性

保全方案には，リスクアセスメントにより指定された保全，試験の頻度，方式，範囲に関する情報を含むことが必要である．

c. 保全結果

次の情報を含むことが必要である．

・保全した機器などの対象物の識別
・使用された試験，検査の方法と手順

・使用された検査機器，特別な検査機器の識別および校正結果
・不合格条件の記述を含めた検査，試験結果
・保全員の識別と資格
・保全，試験日

d. 保全結果の評価

次の情報を含むことが必要である．

・損傷状態
・損傷の累積
・余寿命評価
・保全結果と確率モデル方法との比較
・サンプリング計画の再評価
・周期的モニタリングを必要とする機器の再保全

e. 補修及び取替え

次の情報を含むことが必要である．

・補修の方法と範囲を含む補修の記述
・取替えた機器と新しい機器の両方の記述を含む取替えの書類（これは別々のプログラムと組織で実施してもよい）
・補修，取替えの検査結果

h. リスクランキングの更新

現状のリスクランキングに関する情報を記録することが必要である．これは以下によりリスクランキングが変わった時に更新する．

・新しい観察事象
・新しい情報/実践
・新しい損傷累積モデルまたは工業的な経験
・設計変更
・検査，試験の頻度，方式，範囲の変更
・運転環境の変更（内部及び外面両方）

(7) リスク低減及びフォローアップ

リスクベースメンテナンスによるリスクのマネジメントにおいて最も重要

な局面の一つは，リスク低減戦略の適用及び展開である．従って，発生確率または影響度のどちらかを低減するために要求する事項は，リスクアセスメントの中に文書化する．リスク低減のための特別措置は，適用期間を定めておく．全てのリスク低減の実施内容について，方法，プロセス及び責任者を，文書化しておくことが重要である．

(8) 適用法規および基準

リスベースメンテナンスを実施するにあたり準拠した法規，あるいは基準があれば，それらを記録する．

4.3 ワークショップ形式によるリスクベースメンテナンスの実施と支援ソフト

リスクベースメンテナンスは通常，複数の部署から選ばれ構成された専門家チームにより実施される．その運営はワークショップ形式をとり，多量の入力データ，途中経過および結果を効率よく扱うためコンピューターソフトが利用される．ここでは，それらワークショップおよび支援ソフトの最低備えるべき内容について，その概略を示す．

4.3.1 ワークショップ形式による RBM の実施

ワークショップ形式を採用する意義は以下の点である．

RBM の目的は，腐食，疲労，クリープなどの材料損傷を原因とする，装置，機器，配管あるいは機械の破損，故障を防止し，それらを安全かつ効率的に稼動させるための保全プログラムを提案することである．そのため，それらに関係する複数部署の人達が，共通の目的の下に，一同に集まり，共通のデータと情報に基づき，それぞれの対象部位についてリスクを評価し，それに拠る保全プログラムを作成する．その結果，(1) 全ての部位について，抜落ち無く，より確かなリスク評価が実施され，(2) 安全と効率性を担保した保全プログラムが得られる．それと同時に，(3) 情報の共有化，技術の伝承が計れる．

(1) ワークショップの構成メンバー

メンバーは先にも触れたが，以下の部署の人達により構成される．

a. チームリーダーと支援者（ファシリテータ）

b. 検査担当および検査の専門家

c. 材料と腐食の専門家

d. プロセススペシャリスト

e. 運転及びメンテナンス担当員

f. 管理者

g. リスク評価担当者

h. 環境及び安全担当者

i. 財務／規格（Business）担当者

特に，a. のチームリーダーとファシリテータは重要である．ファシリテータはチームリーダーを援助し，実質的にワークショップを運営する．そのため，ファシリテータは，RBMについての知識と，それを実施した経験があること．評価・検討が予定されている装置，機器，配管あるいは機械について，その内容，運転上の課題，機械的損傷による破損実績情報を理解していること．および，チームをまとめ，チームメンバー相互のコミュニケーションを促進，活性化させる能力があることが求められる．それ以外のメンバーの必要な要件は「4.2.1　事前準備」の項の専門家チーム，あるいはエキスパートチームの立ち上げを参照願いたい．

(2) ワークショップの進行

石油精製，石油化学プラントに代表されるプロセスプラントを評価対象とした場合の例を以下に紹介する．図4.18にワークショップの流れの概略を示す．

a. ファシリテータが司会者となり，専門家チームが構成された目的，その目標についての表明がなされた後，専門家チームとして集まった人達の自己紹介が行われる．この段階において，各メンバーの専門分野，提供できる技術，情報についての理解が計れ，メンバー同士の融和が図られる．

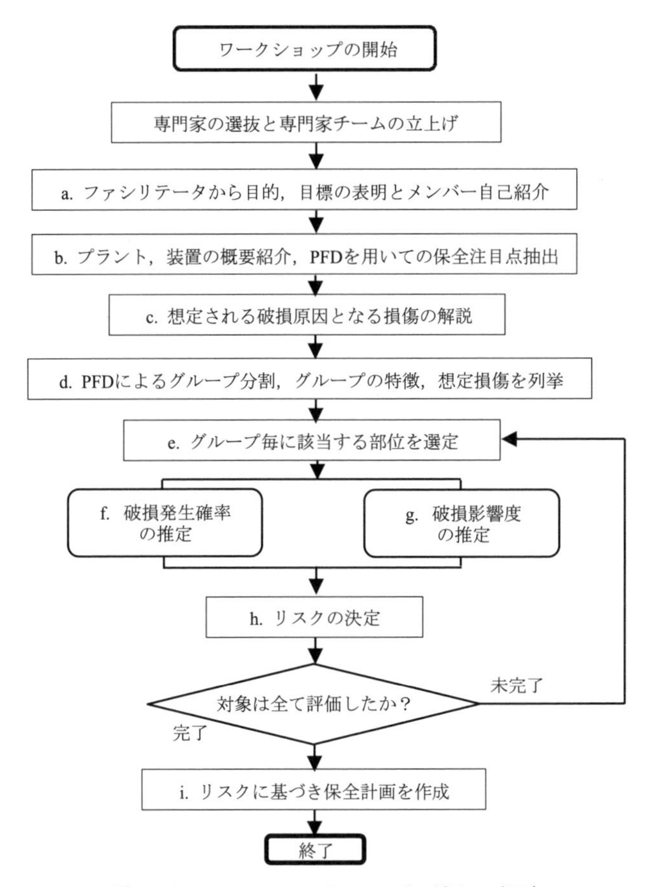

図 4.18　RBM ワークショップの流れの概略

b. RBM の対象となるプラント，あるいは装置等について，保全を実施してゆくという立場から，対象プラント，装置の機能，プロセス条件，運転状態，が運転サイドから解説される．特に，プロセスプラントにおいては「内流体の漏洩」を破損として，その破損発生確率と破損影響度からリスクを評価する．そのため，破損の原因となる「各種の腐食，応力腐食割れ，材質劣化，疲労損傷，クリープ損傷，脆性破壊に代表される機械的損傷」等の材料損傷の発生可能性の評価が必要で，当該部の内流体組成，温度，圧力，流量，等のプロセス条件，外気の状態，構成材料に関する情報が開示される．通常は，プロセスフロー図（PFD：Process Flow Diagram）を参照しながら，上流から下流へ，過去の検査記録を含む保全状況と一緒に，検査/保全サイドから説明される．その時，注目すべき点，プロセス条件，材質名，過去の検査時に発見された材料損傷等がPFDに記入される．

c. 想定される破損原因となる各種の損傷について，材料の専門家により，発生するための材料とプロセス環境の条件，発生した時の形態，過去の事例について，可能性のある材料損傷の全てについて，材料/腐食の専門家から解説される．

d. PFDを用い，RBM評価の対象とするプラント，装置に対し，共通のプロセス条件，共通の材料でまとめられる複数のグループに分割される．分割されたグループはコロージョンループ，プロセスストリーム，等の名称で呼ばれる．その後，分割された各グループの特徴，材料，プロセス条件，および想定される損傷を表形式にまとめる．分割されたグループをコロージョンループと呼べは，その表はコロージョンテーブルと，グループをプロセスストリームと呼べば，その表はプロセスストリームテーブルと呼ばれる．図4.19に石油精製プラントの常圧蒸留装置周りの単純化されたPFDを用いてグループ分割した例を示す．先に示した石油精製プラントの脱硫装置のグループ分割の例と併せ参照願いたい．ここでは，メイングループを更にサブグループに分割した例として示した．

e. 分割された各グループに属する装置，機器，配管，あるいはそれらを更に細分割した部位を漏れなく拾い出す．RBMの評価対象とするプラントあるいは装置を構成する全ての装置，機器，配管，および部位が，いずれかのグループに属することを確認する．なお，同じ機器に含まれる部位が必ずしも同じグループに属するとは限らない点は注意を要する．例えばシェル/チューブ型の熱交換器におけるチューブは，チューブとしては一種類の材質の場合もあるが，環境としては外径側と内径側で異なる場合があり，その時は所属するグループが異なることになる．そのことを想定し，通常は部位と言う単位でRBM評価対

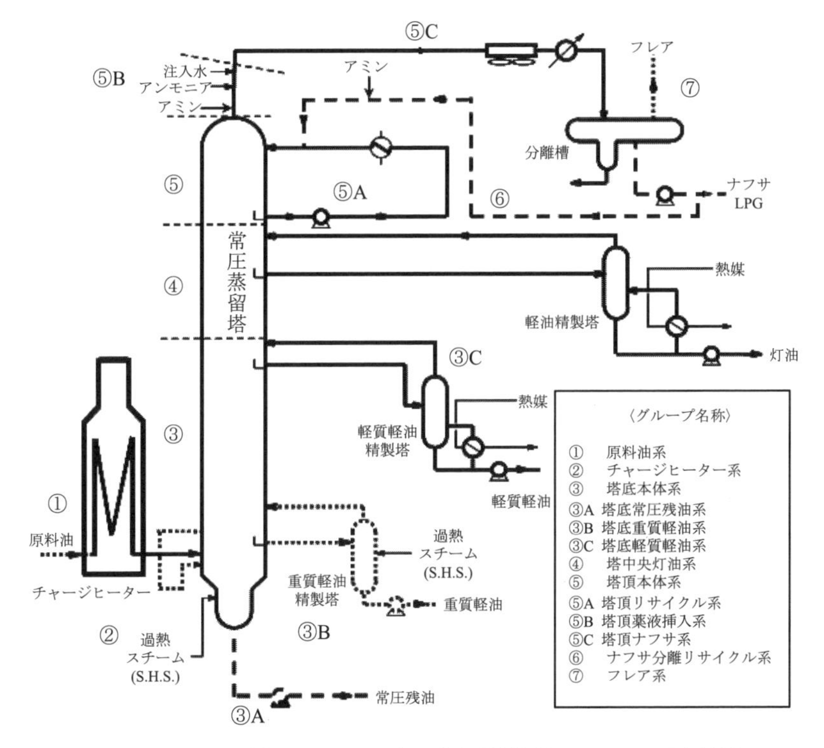

図 4.19 石油精製プラントの常圧蒸留装置周りのグループ分割例

象を細分化している．その代表的なものとして，熱交換器，塔，槽，についての例の一部を，図 4.20，図 4.21，図 4.22 に示す．この例では，常圧蒸留塔の塔底部，塔頂部をそれぞれ塔本体とそれに接続する配管系に分け，配管系を更に三つのサブグループに分割している．特に，破損を内流体の漏洩と定義し，その防止を第一目的としているプロセスプラントの RBM において，漏洩の発生箇所となる可能性の高い配管系は，RBM 実施上で重要なポイントの一つである．そのため，配管系は内流体組成の変化，流体温度の変化，流速の変化，構成材料が変わるポイントごとに分割される場合が多い．この例で，塔頂部は主として内流体組成の変化，塔底部は主として内流体の温度，組成の

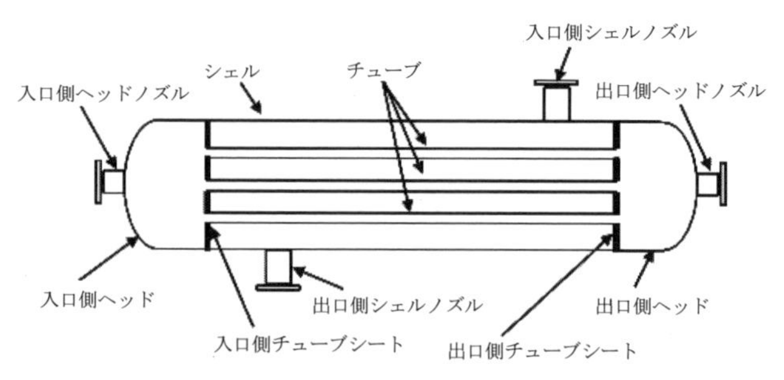

グループ名	該当する部位
熱交シェル側	シェル内面，チューブ外面， 入口側シェルノズル内面，出口側シェルノズル内面， 入口側チューブシートシェル側，出口側チューブシートシェル側
熱交チューブ側	チューブ内面 入口側ヘッド内面，出口側ヘッド内面， 入口側ヘッドノズル内面，出口側ヘッドノズル内面， 入口側チューブシートチューブ側，出口側チューブシートチューブ側
熱交大気側	シェル外面 入口側ヘッド外面，出口側ヘッド外面， 入口側ヘッドノズル外面，出口側ヘッドノズル外面， 入口側シェルノズル外面，出口側シェルノズル外面

図 4.20　シェル/チューブ型熱交換器のグループ分割例と該当部位

変化により分割した例である．

図 4.20 はシェル/チューブ型熱交換器の例である．多くの場合，材料に接する流体組成の違いに着目し，熱交シェル側，熱交チューブ側，熱交大気側の三つのグループに分割，それぞれに含まれる部位を列挙する．

図 4.21 は蒸留塔，精留塔に代表される塔，タワーの例である．この場合は上下方向で温度と内流体環境が異なる場合が多いため，塔頂部，塔中央部，塔底部，塔大気側の四つのグループに分割し，それぞれに含まれる部位を列挙する．

図 4.22 は気液分離槽に代表される槽，ベッセルの例である．槽の場合上下方向で内流体の性状が異なる場合が多いため，槽気相部，槽気液界面部，槽液相部，槽大気側の四つのグループに分割，それぞれに含まれる部位を列挙する．

なお，部位は，ある時はアイテム，タグ等の名称で呼ばれる．

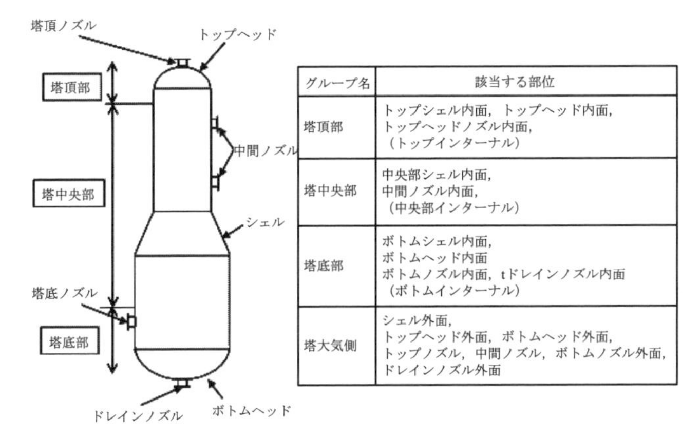

グループ名	該当する部位
塔頂部	トップシェル内面，トップヘッド内面， トップヘッドノズル内面， （トップインターナル）
塔中央部	中央部シェル内面， 中間ノズル内面， （中央部インターナル）
塔底部	ボトムシェル内面， ボトムヘッド内面 ボトムノズル内面，tドレインノズル内面 （ボトムインターナル）
塔大気側	シェル外面， トップヘッド外面，ボトムヘッド外面， トップノズル，中間ノズル，ボトムノズル外面， ドレインノズル外面

図 4.21　塔（タワー）のグループ分割例と該当部位

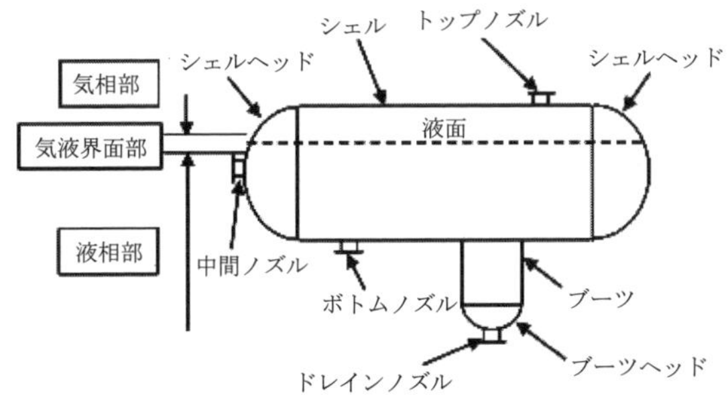

グループ名	該当する部位
槽気相部	シェル内面（上部），シェルヘッド内面（上部）， トップノズル内面， （上部インターナル）
槽気液界面部	シェル内面（中間部） 中間ノズル内面， （中間部インターナル）
槽液相部	シェル内面（下部）， シェルヘッド内面（下部），ブーツ内面，ブーツヘッド内面 ボトムノズル内面，ドレインノズル内面， （下部インターナル）
槽大気側	シェル外面， シェルヘッド外面，ブーツヘッド外面 トップノズル，中間ノズル，ボトムノズル外面， ドレインノズル外面

図 4.22　槽（ベッセル）のグループ分割例と該当部位

f. 破損発生確率の推定．各グループに属する部位が選定されると，それぞれの部位について破損発生確率の推定が行われる．多くの場合，破損発生確率を直接推定することは少なく，破損の原因となる損傷の起きやすさから破損発生確率が推定される．プロセスプラントでは「破損を内流体の漏洩と定義する.」場合が殆どである．そのため，その原因となる損傷としては，(1) 減肉，(2) 応力腐食割れ，(3) 機械的損傷，(4) 材質劣化に大別される現象が取り上げられる．それらは，当該部位が置かれているa. 運転条件を含めた環境と，b. 製造法，熱処理も含めた構成材料の二つの要因から検討される．そのため，破損発生確率の推定に当っては，事前に，(1) から (4) のそれぞれの損傷現象に対しa. 環境とb. 材料の二つの面から，損傷の起きやすさを評価する手法を明らかにしておく必要がある．それらはテクニカルモジュールと呼ばれる劣化損傷評価書としてまとめられている．また同時に，その損傷により引き起こされる破損形態について想定する必要がある．例えば，ごく小さな漏洩なのか，大量の漏洩か，あるいは破壊的な漏洩か等である．なお，以上の理由から，従来経験されていない未知の損傷現象については，破損発生確率の評価ができない可能性が高いことになる．これはRBMの限界の一つである．

g. 破損影響度の推定．各グループに属する部位が選定されると，前述の破損発生確率を推定すると同時に，破損影響度が推定される．破損影響度として評価する内容が選択される．その評価内容は当然，破損の定義により異なってくる．プロセスプラントでは破損を内流体の漏洩としているため，影響度の内容は漏洩した内流体により引き起こされる物理化学現象と社会現象となる．具体的には，漏洩流体による火災，爆発，健康被害，環境汚染，プラント停止，生産停止による営業損失，プラント復旧費用，風評被害等となる．どれを選択するかは使用者により決められる．この時，影響度の内容によりRBMワークショップの構成員として選ばれた複数部署の人達の関与が求められる．特に破損発生確率評価では関与する機会が無かった環境安全，財務などの部署の関与が求められる．また，運転環境，構成材料が同じとして分割されたグループに属する部位毎に評価が行われるため，同一グループ内での影響度は部位により大きくは異ならない場合が殆どである．このことは，評価を実施して行く上で，その効率化に大きく寄与する．すなわち，同じグループ内であれば，破損形態毎に一度推定を行えば，同じ破損形態に対しては同じ影響度推定結果が適用できると言うことである．

h. 破損発生確率と破損影響度がグループ毎に全部位について評価されると，リスクの定義により，当該部位のリスクが決定される．決定されたリスクは評価レベルにより，定性評価，半定量評価であればリスクマトリックス上へのプロットとして，定量評価であれば等リスク線図上へのプロットとして表示される．その結果，個々のリスクの大きさ，リスクの順位が視覚的にもわかりやすく示される．通常，リスクの大きさにより対応処置が事前に決められている．特に，計画，建設中のプラントではなく，操業中のプラントで，リスクが最上位と識別されるほどに大きいと評価された場合には，迅速な対応が求められる．その場合も，ワークショップに参加している多くの部署が関与することになる．

i. グループ毎に各部位のリスクが決定されると，そのリスクに基づいて検査計画，広くは保全計画が作成される．優先順位はリスクの大きさの順となる．計画は過去の検査，保全履歴とリスク評価結果を参考に決定される．ただし，新設プラントである場合，評価対象プラントに対し，検査，保全履歴は存在しない．その場合には類似プラントでの事例を参考にする場合がある．あるいは，リスクの発生源である破損の原因となる損傷の検知技術，破損そのものの検知技術，破損発生後の被害縮小技術の適用方法などから選択，計画を作成する場合もある．この時は，検査，保全経験者のワークショップへの参加が必要である．

4.3.2 RBM 支援ソフト

図 4.23 に RBM 支援ソフトの最低限備えていなければならない機能を示す．基本的に三つの機能から構成される．すなわち，

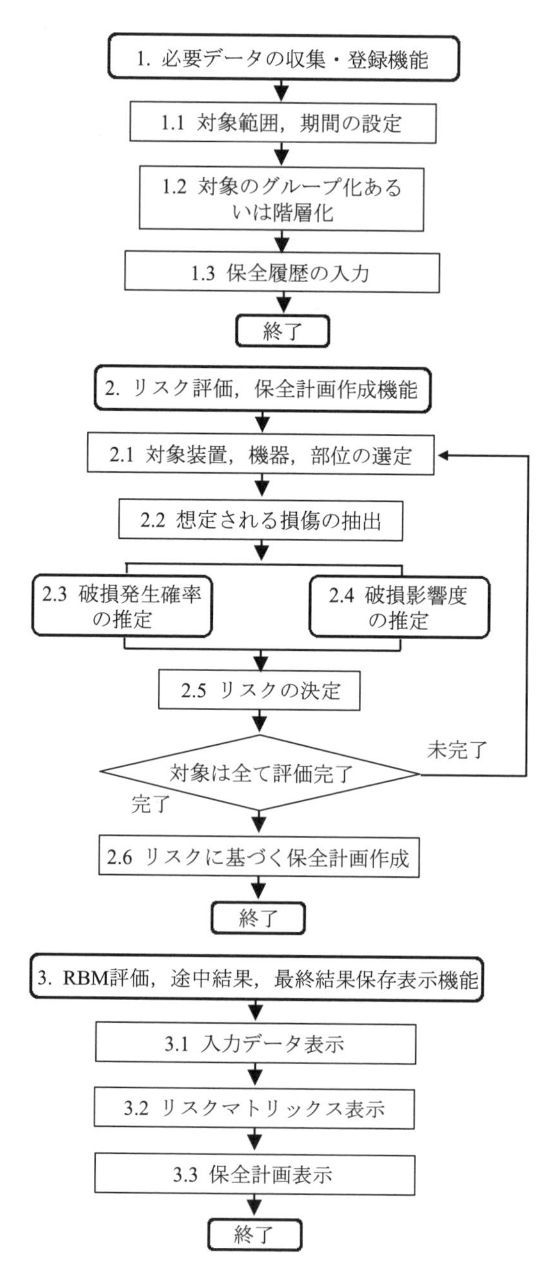

図 4.23　RBM支援ソフトが最低限備えなければならない3つの機能

(1) 必要データの収集，登録機能，

(2) リスク評価，保全計画作成機能，

(3) RBM 評価，途中結果，最終結果の保存表示機能である．

かつ，それら三つの機能が自由に切り替えることの必要がある．

また，先に説明したワークショップを支援するものである．対象とする機器・配管毎に予想される劣化損傷現象による破損の発生確率と破損時の影響度からリスクを計算し，検査計画，さらには保全計画の最適化作業を支援するものである．そのため，過去の検査履歴や過去の評価結果を保存，閲覧する機能により，次回以降の保全計画決定に有効な情報を提供するものでもある．

評価支援ツールが必要となる理由は，

(1) 評価の体系性，網羅性を確保するため，→大規模設備ほど困難になる．

(2) 評価結果の管理，抽出，閲覧を容易に実施できるよう支援する．

(3) 評価に用いる過去の検査履歴などの補助情報をオンデマンド的に提供する．

(4) 評価結果と，それに基づく次回検査方針のリンクをとり，過去の評価結果との比較や，評価に至る議論/経緯の記録，閲覧，を円滑に行う．

評価支援ツールを使うメリットは，

(1) 機器・配管損傷の体系的評価と網羅性の確保による，損傷劣化傾向が把握できる．

(2) チーム評価による運転，保全情報およびリスク管理情報を共有化できる．

(3) 各機器，装置についてのリスクが明確化され，リスクランクによる保全優先順位が決定できる．

(4) リスクに基づく検査プログラムの最適化ができる．

支援ソフトが持つべき要件について，コンピュータ画面をイメージし，最低限必要となる点について説明する．これらは，架空のソフトの画面イメージであり，実在するものではない．ソフトウェア上の要件は，一般の PC 上で動作し，単発のワークショップでも導入可能で，あまり高額でなく，数百

～数千アイテムを軽快，短時間で取扱い，国内で使用するなら日本語対応で，データのバックアップが出来，ネットワーク対応であるべきである．

RBM支援ソフトの保全計画作成までの流れに沿った概略の紹介

通常，RBMは評価対象の決定から始まり，データの収集，入力，それらに基づく破損原因となる損傷の抽出，損傷による破損発生確率の推定，その破損による影響度の推定と続く．さらにそれらを全ての評価対象部位に対し実施，完了後は，各部位のリスク評価を行う．ついで，評価されたリスクに基づき，検査計画，ひいては保全計画を立案するものである．その間，途中結果，最終結果が任意に出力され，必要に応じ，修正が加えられなければならない．そのため，コンピュータ上では，入力，評価，出力，修正が繰り返される．その度に，画面が変わってゆかなければならない．あるいは同時に複数画面，ウインドウが表示されることが求められる．以下に，その画面の流れとして列挙し，それぞれについて説明する．

(1) プロジェクト名称の入力
(2) RBM評価対象全ての部位を登録，修正
(3) 分割された各グループの登録，修正
(4) 評価対象装置，機器/配管情報の登録，修正
(5) 破損発生確率，影響度，リスク評価の開始
(6) 想定される破損の原因となる損傷の登録，修正
(7) 破損発生確率評価
(8) 破損影響度評価
(9) リスク評価
(10) リスク評価結果の表示（表形式）
(11) リスク評価結果の表示（リスクマトリックス）
(12) リスク評価結果の表示（PFD）
(13) リスク結果に基づく保全方案作成
(14) RBM実施結果の出力

(1) プロジェクト名称の入力

RBM ソフトは基本的にデータベースソフトである．ここでプロジェクト名称とは，そのデータベースの名称となる．通常は，RBM 評価を行うユーザー名，プラント名，地名，年度などで構成される名称が選択される．また，既に当該データベースが作成されている場合には，それを呼び出し，更に入力，評価，出力作業を継続させるため，対象とするデータベースファイルを特定することとなる．データベースを各保全年度で別ファイルとするか，同じファイルとするかは，使用するコンピュータの能力，取り扱うデータ総量，期間の長さにより，色々な選択肢がある．図 4.24 に当該入力画面イメージを示す．

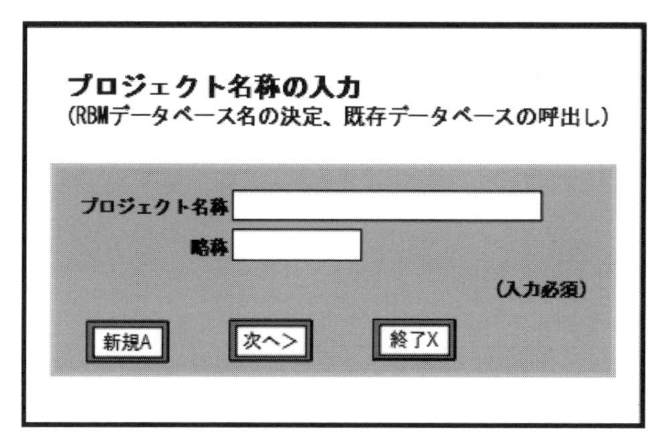

図 4.24 プロジェクト名称の入力画面

(2) RBM 評価対象全ての部位を登録，修正

図 4.25 RBM が評価対象とする装置，機器，配管，部位の登録開始画面 RBM を実施する時，プロセスプラントにおいては，評価対象とする装置，それに含まれる機器，配管，それらを構成する評価の最小単位となる部位情報を整理することが求められる．その後，部位毎に，その構成材料と，それらが使用されている環境，すなわち，流体組成，圧力，温度，場合によっては流速，不純物名と量などが入力されなければならない．まず，その入れ物となる，装置名，それを構成する機器，配管名，それに含まれる部位を全

RBM評価対象全ての部位を登録、修正
(RBM評価対象の装置、機器、配管を構成している部位を列挙)
プロジェクト名称　略称
装置名　記号
機器/配管名　記号
部位名　記号
登録済表示
(入力必須)　保存S　修正E　終了X　一括入力

図 4.25　RBMが評価対象とする装置，機器，配管，部位の登録開始画面

て，抜け落ちなく入力することが必要である．図4.25に，その開始を示す画面のイメージを示す．全ての部位が入力された段階，あるいは，その途中段階から，各部位についての構成材料情報と，使用環境に関する情報が入力される．

(3) 分割された各グループの登録，修正

プロセスプラントのRBMにおいては破損，通常は内流体の漏洩を破損と定義する，その発生確率と影響度によりリスクを決定，その大きさにより検査，保全の内容，優先順位が決められる．破損の原因となる損傷は，各部位の材料と環境により評価される．そのため，RBM評価対象を共通の材料と環境でグループ分割することは非常に有効である．図4.26は，グループの分割を行う画面イメージである．グループの特徴，構成機器，配管および使用環境，それと想定される損傷について記述され，そのグループに含まれるすべての部位が選択，入力される．

(4) 評価対象装置，機器/配管情報の登録，修正

図4.27に入力データの例を示す．これらは評価対象となるプロセスプラントを構成する装置毎に，それに含まれる機器，配管，さらに，それらを細

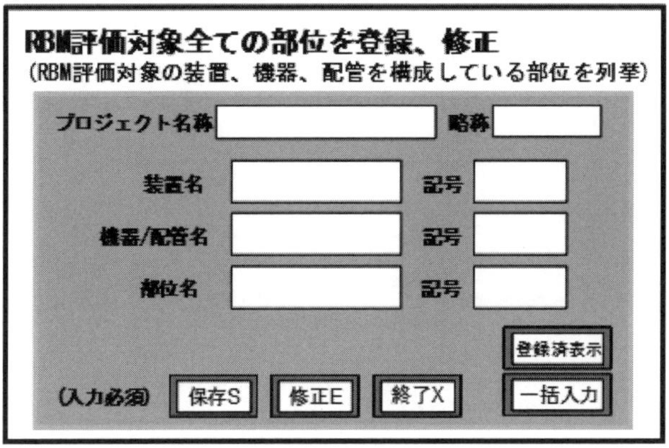

RBM評価対象全ての部位を登録、修正
(RBM評価対象の装置、機器、配管を構成している部位を列挙)
プロジェクト名称 略称
装置名 記号
機器/配管名 記号
部位名 記号
登録済表示
(入力必須) 保存S 修正E 終了X 一括入力

図 4.26 分割グループの特徴，構成部位の入力画面イメージ

(入力データ例)

No.	装置目	記号	機器名	記号	部位名	記号	材質	記号	内流体
1	脱硫装置	HDS01	加熱炉	FUR10	入口ヘッダー	IHD	18-8-Ti	T321	油+水素+硫黄
2					輻射部加熱管	RTUB	18-8-Ti	T321	油+水素+硫黄
3					対流部加熱管1	CTUB1	2.25Cr-1Mo	T22	油+水素+硫黄
4					対流部加熱管2	CTUB2	C-Steel	CS	油+水素+硫黄
5					出口ヘッダー	OHD	18-8-Ti	T321	油+水素+硫黄
6			配管	FUR10 TO HDS01	配管直管部	PIL	18-8-Ti	T321	油+水素+硫黄
7					配管90度エルボ	PIE	18-8-Ti	T321	油+水素+硫黄
8					配管支持部	PIS	18-8-Ti	T321	油+水素+硫黄
9			反応器	REC01	入口ノズル	INZ	18-8-Nb+2.25Cr-1Mo	T347+T22	油+水素+硫黄
10					入口ヘッド	IHE	18-8-Nb+2.25Cr-1Mo	T347+T22	油+水素+硫黄
11					直胴上部	SHU	18-8-Nb+2.25Cr-1Mo	T347+T22	油+水素+硫化水素
12					直胴中部	SHM	18-8-Nb+2.25Cr-1Mo	T347+T22	油+水素+硫化水素
13					直胴下部	SHB	18-8-Nb+2.25Cr-1Mo	T347+T22	油+水素+硫化水素
14					出口ヘッド	OHE	18-8-Nb+2.25Cr-1Mo	T347+T22	油+水素+硫化水素
15					出口ノズル	ONZ	18-8-Nb+2.25Cr-1Mo	T347+T22	油+水素+硫化水素
16					マンホール	MNH	18-8-Nb+2.25Cr-1Mo	T347+T22	油+水素+硫化水素
17					計測ノズル1	MNZ1	18-8-Nb+2.25Cr-1Mo	T347+T22	大気
18					計測ノズル2	MNZ2	18-8-Nb+2.25Cr-1Mo	T347+T22	大気

図 4.27 プロセスプラントとして石油精製プラントの脱硫装置を取り上げその時，RBM を実施するに当たり準備された入力データの例

分化した部位ごとに，構成材料，使用雰囲気を列挙した一部である．

(5) 想定される破損の原因となる損傷の登録，修正

損傷の入力をここで行うか，次の破損発生確率の評価の部分で行うかは，両方有り得る．ここでは，破損を発生させる損傷の有無はリスクの大小を見積もるときに重要な項目であるので，先に検討し，入力する方が望ましいと考え，先に置いた．登録・修正画面を図 4.28 に示す．

各部位について，当該部位の構成材料，雰囲気，使用条件から想定される損傷を列挙してゆく．図 4.29 に，その時の損傷を入力する画面のイメージ

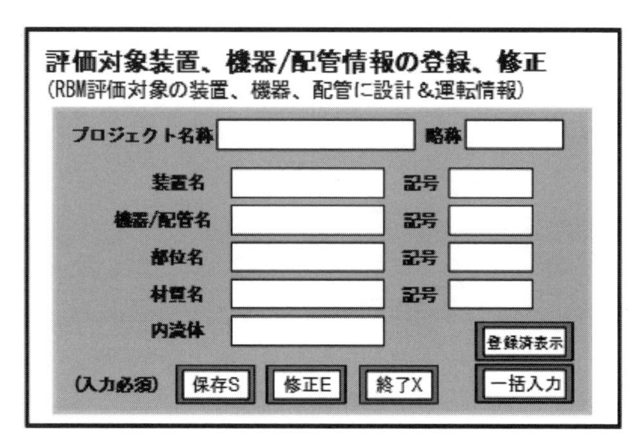

図 4.28　RBM評価対象となるプラントを構成する機器，配管，を部位ごとに細分化し必要データを入力する．その時の開始画面イメージ

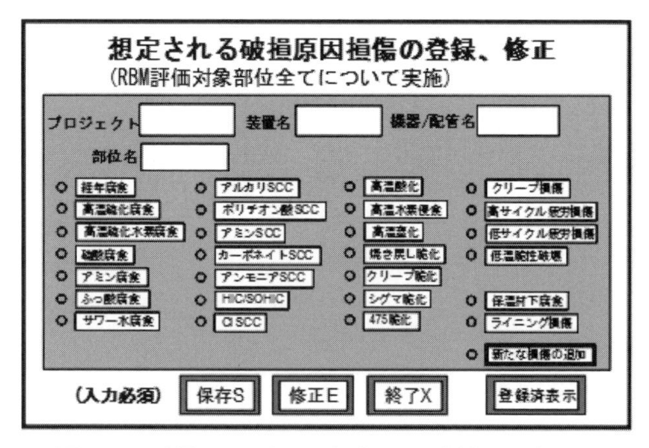

図 4.29　破損の原因となる想定される損傷の入力画面

を示す．損傷の種類別に各種の損傷名が並び，その中から，該当するものをチェックしてゆく．そのため，損傷名はRBMを行う対象により異なってくることは有り得る．その時は不要な損傷名は除き，必要な発生する可能性の高いものを入れるべきである．また，1画面では評価対象に対し列挙することが困難な場合，複数の画面を同時に開き入力するか，あるいは，選択画面をスクロールし目的のものを選択するか等は，ソフトの製作者に任せられ

る．RBMソフトが使いやすいものかは，この画面の工夫に左右される．当然，選択肢として列挙された損傷については，その起こりやすさを評価する手順が確立されていることが前提である．そうでない場合，選択してもリスク評価ができないことになる．損傷名のリストは種々の損傷を解説したものに示されているので，参考にすると良い．産業分野により，同じ現象を異なる言葉で表現する場合があり，注意が必要である．

(6) 破損発生確率，影響度，リスク評価の開始

評価対象となる機器，配管の各部位に関する材質および環境を含む使用条件のデータが入力されると，それを基に，a. 破損を発生させる可能性のある損傷を指摘し，b. それによる破損の起こりやすさを評価する．それと同時に，c. 破損の形態，規模を想定し，d. 影響度を評価する．両者が評価されると，e. リスクが推定される．これらの評価，推定の順序は決まったものではないが，通常は破損の形態，規模がわからないと影響度が評価できないため，a.b.c.d.e. の順で進む場合が多い．しかし，評価対象部位全てが一つの段階を完了するまで次の段階に行けないと言うものではなく，部分的に実施してゆく場合が多い．特にプロセスプラントにおいては材料と環境を主眼において，共通する範囲を一つのグループとして分割して評価を実施

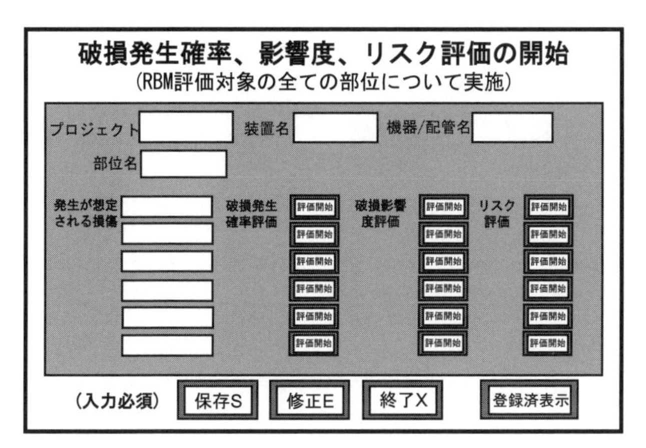

図 4.30 破損発生確率，影響度，リスク評価の開始の画面イメージ

してゆく．そのため，グループ毎に前述のa.b.c.d.e.の順に行ってゆく場合がある．図4.30に破損発生確率，影響度，リスク評価の開始の画面イメージを示す．プロジェクト，装置名，機器あるいは配管名，部位名を入力すると，先に当該部位に選定された発生が想定される損傷名が列挙される．それらに対し，破損発生確率，破損影響度，リスクのボタンが表示される．それをクリックし，順次評価してゆく．この画面は，プロジェクト，装置名，機器あるいは配管名，部位名を入力することにより，何度でも繰り返し，検討，修正，保存することができるようになっている必要がある．

(7) 破損発生確率評価

評価開始画面から破損発生確率評価のボタンをクリックすることにより，当該評価が開始される．図4.31に破損発生確率評価の開始画面イメージを示す．評価には通常3種類が提案されている．すなわち，a. 直接評価，b. 規格に基づく評価，c. 独自評価である．a. の直接評価は，半定量的に破損の起こりやすさを過去の経験，知見に基づき入力する．b. の規格に基づく評価は，API RP 581 あるいはHPIS Z107等を用いて評価する．c. の独自評価は，規格に評価手法が取り上げられていない場合，あるいは明らかに規格に示されている評価手法が妥当性を欠く場合に用いられるものである．そ

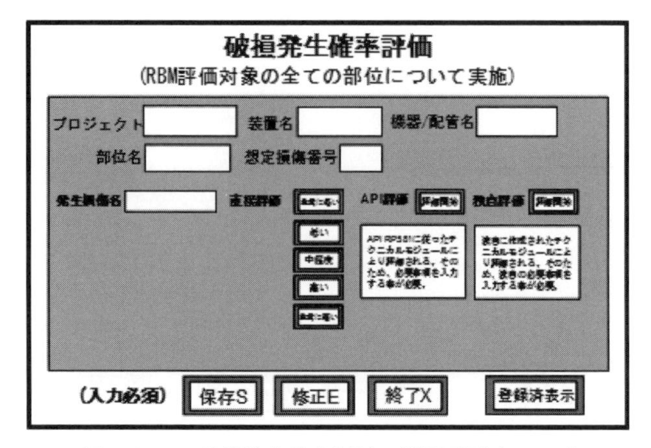

図4.31　に破損発生確率評価の開始画面イメージ

のため，これを選択する場合には，事前に独自の評価手法を確立しておく必要がある．また，RBM ソフトでは規格あるいは独自の評価方法を支援するプログラムを準備し，それが選択された時には，その評価画面へ移る必要があり，その仕組みを用意しておくことが求められる．

(8) 破損影響度評価

評価開始画面から破損影響度評価のボタンをクリックすることにより破損影響度が開始される．図 4.32 に破損影響度評価の開始画面イメージを示す．破損発生確率評価と同じく評価手法としては 3 種類が提案されている．a. 直接評価，b. 規格に基づく評価，c. 独自評価である．内容は破損発生確率評価と同じである．ただし，具体的な評価手順は異なる．特に，プロセスプラントにおいては破損を内流体の漏洩と定義するため，漏洩量の推定が全ての影響度の評価の基本であり，それを推定する手法の準備，対応するプログラムを準備しておくことが必要である．

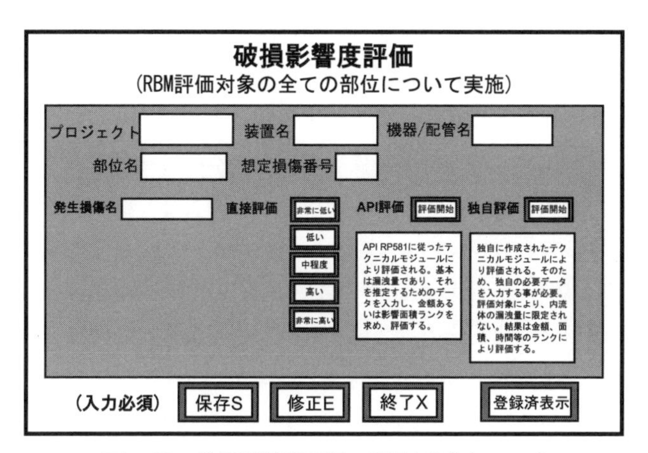

図 4.32　破損影響度評価の開始画面イメージ

(9) リスク評価

それぞれの部位の破損発生確率，破損影響度の評価が実施されると，定義によりリスクが求められる．この時，破損の原因となる損傷が複数ある場

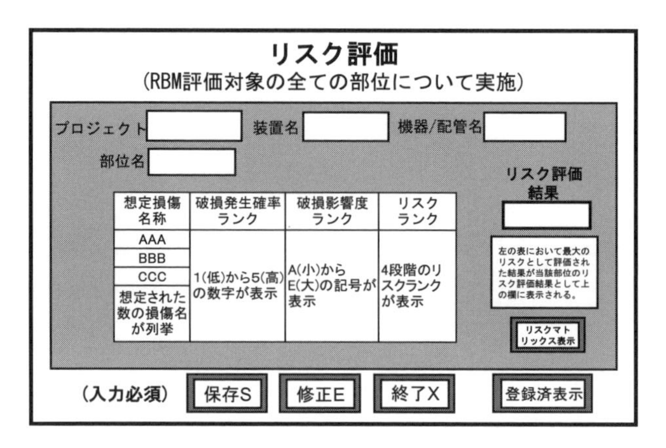

図 4.33　リスク評価のイメージ画面

合，a. 破損発生確率をそれぞれの損傷の起こりやすさの合計と考えるか，b. 最も損傷の起こりやすいものを代表として選択するか，対応は大きく二つに分かれる．それと損傷が原因となって発生する破損の形態が損傷原因によって異なる場合，その両方を検討しなければならない．すなわち，損傷は起こりやすくはないが，大規模の破損となる場合，逆に損傷は起こりやすいが，小規模な破損となる場合，また，損傷は起こりやすく，大規模な破損となる場合，損傷は怒り難く，小規模な破損となる場合などである．このことは，影響度についても言える．よく引用される例としては，可燃性の内流体が漏洩した場合の影響度である．漏洩内流体が火災にならず外環境に拡散し汚染するだけの場合，漏洩内流体に着火し火災となる場合である．この場合，着火の確率と環境汚染の影響度，火災による影響度の両方を検討しなければならない．その検討が容易になされるよう，RBM ソフトが支援できることが必要である（図 4.33 参照）．

(10) リスク評価結果の表示（表形式）

評価されたリスクは複数の部位間で比較のため，その結果を一覧できるようにRBM ソフトは支援する必要がある．図 4.34 はリスク評価結果を表形式で示した場合の画面例である．この場合，一画面で表示できる部位の点数

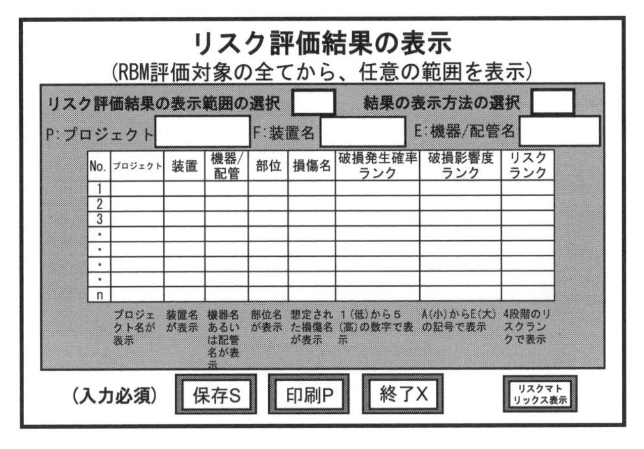

図 4.34 はリスク評価結果を表形式で示した場合の画面例

には限度があり，容易に表をスクロールさせる機能をつける．あるいは複数の画面を表示できる機能をつける．あるいは，並べ順を指定できるなどの機能が必要である．また，表示される対象範囲を自由に指定できる，あるいは，装置ごと，機器/配管ごと，部位ごと，と簡単に選択できることも望まれる．

(11) リスク評価結果の表示（リスクマトリックス）

リスク表示の代表的なものにリスクマトリックス上に各評価点をプロットする方法がある．その時，問題になるのはリスクマトリックスを複数のリスク領域に事前に分割しておくこと，それと同時に決定されたリスクに対応する処置を事前に決めておくことである．多くの場合，API RP 581 のリスクマトリックスが用いられる．図 4.35 は API RP 581 のリスクマトリックス上にプロットした例である．

(12) リスク評価結果の表示（PFD）

プロセスプラントにおいては，リスク評価の結果表示にグループ分割されたプロセスフロー図（通常 PFD：Process Flow Diagram と略される）を用いて行われる場合がある．図 4.36 にグループ分割された PFD を用いたリ

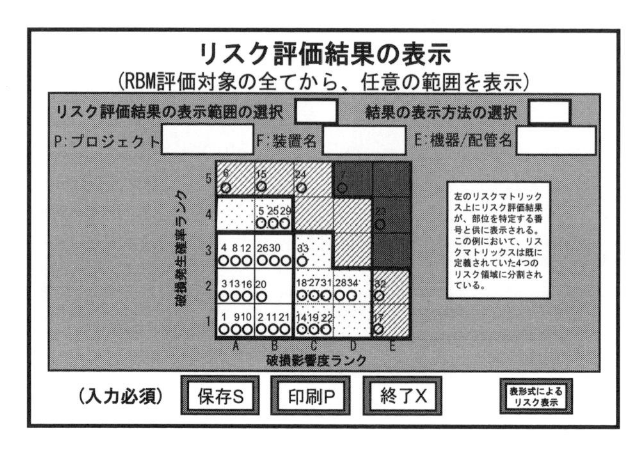

図4.35　リスクマトリックスによるリスク表示

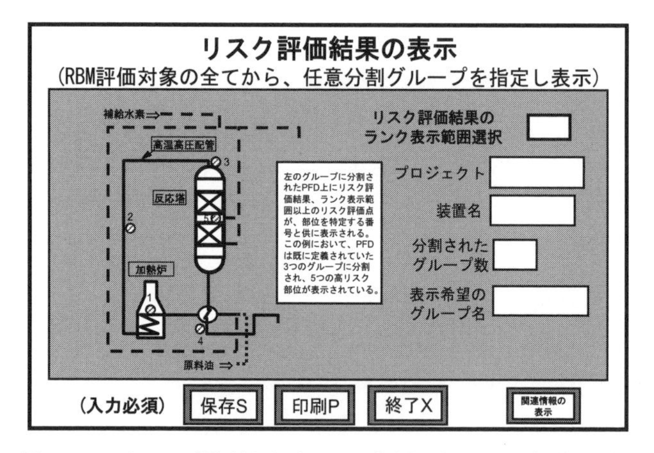

図4.36　グループ分割されたPFDを用いたリスク表示の例石油精製プラント，脱硫装置の例

スク表示の例を示す．例では石油精製プラントの脱硫装置のリスク評価結果の表示例である．この例では，リスクレベルを指定し，そのレベルに対応するリスク箇所のみを示すようにしたものである．このように，図を活用した表示においてはRBMソフトの工夫が必要である．

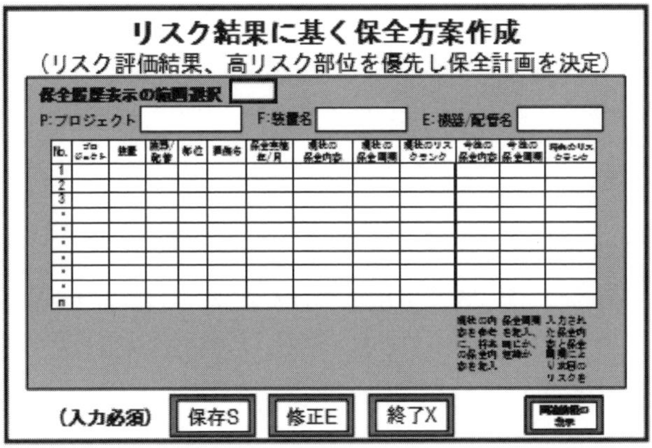

図 4.37　リスクを基にして検査/保全計画を表形式でまとめる場合の表形式の例

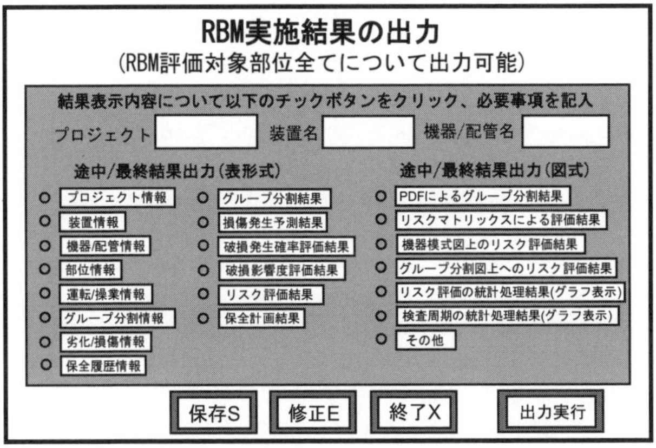

図 4.38　RBM ソフトに要求される評価結果の表示タイトル例

(13) リスク結果に基づく保全法案の作成

RBM 評価対象の各部位全てのリスク評価が完了すると，それに基づいた，狭くは検査計画，広くは保全計画の立案の実施となる．そのため，RBM ソフトは，その計画立案を支援するため，各種評価結果，過去の検査/保全履歴，検査/保全内容，周期の破損発生確率評価に及ぼす効果，またモニタリング手段，防災手段，漏洩検知器設置等の影響度評価に及ぼす効果を指示することにより迅速に表示され，更に，それらを変更した時のリスクの再評価が容易に，迅速に処理されることが求められる．この機能も，RBMソフトの使い勝手を決める重要な箇所の一つである．図4.37に最終的に保全計画として部位毎に記述する時の表の一例を示す．

(14) RBM実施結果の出力

RBMソフトには，RBMを実施して行く時に，評価途中の段階で，それまで実施してきた結果を表示させる．また，最終的に，その結果をまとめて表示させる機能が要求される．図4.38は，それらの代表的な表示内容例を示す．例えば，結果表示を選ぶことにより，図のような画面が表れ，様々な結果を容易に表示できることがRBMソフトには要求される．

■ 4章文献 ■

1) 田原隆康，最近のASME，API規格活動の動向，HPI秋季講演会，室蘭，2011-10
2) S. Sakai, T. Shibazaki, H. Masatomo, H. Ishimaru, Development of RBM standard for pressurized equipments in Japan, ICMR2011-R262, Int. Conf. on Materials and Reliability, Pusan, Nov. 2011
3) A. Jovanovic, European Experience in the Area of RBI/RBM：Main Results of RIMAP Project and Future Work in the Area, API/PVRC Int. Conf. on Decision Making for Risk Management of Process and Power Plants, Oct.18-20, 2005, Houston p.35-70
4) R. Chambers, Risk Based Maintenance Guideline, 1004382, Final Report Nov. 2002
5) 化学工学会化学装置材料委員会，設備保全のための検査有効度ハンドブック，2006-6
6) Shan-Tung Tu, Int. Workshop on Risk-Based Engineering, Tokyo, Nov. 2008
7) S. C. Choi（KGS），A Methodology of Risk-Based Inspection for Refinery and Petrochemical Plant, 1st Pipeline Maintenance Technology Workshop, 2006.11
8) Bum-Shin Kim（KEPRI），Current Status of RBM Application in Korean Fossil Power Industry, RBE-5 5th International Workshop on Risk-Based Engineering　Beijing, 2010-11
9) API RP 571, Damage Mechanism Affecting Fixed Equipment in the Refining Industries, 2003
10) WRC Bulletin 489 Damage Mechanism Affecting Fixed Equipment in the Refining, Feb. 2004.（注）内容はAPI RP 571と同じである
11) エンジニアリング振興協会，戦略的技術開発　構造物長寿命高度メンテナンス技術開発プロジェクト報告書（平成18年度）
12) 高圧ガス保安協会，石油連盟，石油化学工業協会，高圧ガス設備の供用適性評価に基づく耐圧性能及び強度に係る次回検査時期設定基準，KHK/PAJ/JPCA S0851（2009），平成23年5月発行，附属書4　損傷の種類と特徴（参考）
13) （株）ベストマテリアHP, http：//www.matguide.com/tech/index.html #sonsho-kiko-ichiran
14) 酒井信介，リスクベース検査における機器の破損確率データベース収集のためのベイズ定理の

応用（第一報　ベイズの定理の原理），圧力技術，第42巻，第5号，pp.284-290,2004
15）平成18年度戦略的技術開発（構造物長寿命化高度メンテナンス技術開発）報告書　（財）エンジニアリング振興協会　平成19年3月
16）「機械システム等のメンテナンス最適化のためのRBM手法の開発に関するフィージビリティースタディ」報告書，（財）機械システム振興協会，委託先（財）エンジニアリング振興協会，平成17年3月
17）「機械システム等のメンテナンス最適化のためのRBM手法の開発に関するフィージビリティースタディ」報告書，（財）機械システム振興協会，委託先（財）エンジニアリング振興協会，平成17年3月
18）Methods for the Determination of Possible Damage to People and Objects Resulting from Releases of Hazardous Materials, CPR16E, Green Book, 1st Edition, TNO（The Netherlands Organization of Applied Scientific Research），(1992)
19）Methods for the calculation of physical effects, Yellow Book, 2nd Edition, TNO（The Netherlands Organization of Applied Scientific Research），(1992)
20）Risk Manager, http：//www.nedo-chem.jp/riskmng/riskmng.html

5 RBMの適用事例

RBM（RBI）は，もともと石油関連メジャー，特に“スーパーメジャー”と呼ばれるエクソン・モービル，ロイヤル・ダッチ・シェル，BPなどが自社の石油精製プラントの合理的な保全方法の一つとして推進してきたため，日本を含む国際的な石油精製設備および石油化学の分野で普及してきた．同時に，石油精製業に関連するAPI（米国石油学会）が規格を発行したことも，それらの分野で普及する後押しとなっている．

石油精製・石油化学プラント以外では，国内における火力発電設備に対し（株）IHIが1999年に導入したのが最初である[1)]．

火力発電設備についても，第4章のASME CRTD-20-3（1996）ガイドライン，EPRI火力発電設備RBIガイドラインに見られるようにRBMの対象であったといえる．

“リスクベース工学”の観点から，石油産業，火力発電以外の産業分野でRBMの基本的な考え方は共有でき保全計画として適用できるものと考えられる[2)]．

ここでは，実際に適用している事例あるいは試行結果などレベルは様々であるが，公表されたRBM適用に関する国内外事例を分野別に紹介する．ただし，RBMの詳細手順，検査データなどノウハウに関わる部分は明らかにされない場合が多く十分理解できないところはある．

5.1 適用事例①【石油精製プラント】[3)]

石油精製プラントにおけるRBMの事例は，海外で多く見られ比較的新しい事例として韓国およびサウジアラビアの事例を示す．

韓国では，当初RBM評価を欧州のコンサルティング会社（独TUV-SUD）にアウトソーシングした例があり（2006年），その際石油精製プラント機器全体のリスクを評価している．

また，独自に API-581 に準拠して実施した例から石油精製プラント（部位 2,000 点）のリスク分布を示したのが，図 5.1 である．近年はリスクカテゴリを 4 レベルに順位付けするのが共通した考え方であり，High Risk，Medium High Risk，Medium Risk，Low Risk を検査計画およびメンテナンス計画に用いている．この 4 レベルは，リスクマトリックスの分割カテゴリーに相当する（例えば，許容不可，要計画変更，条件付き許容，許容可能までの 4 レベル）．図 5.2　は，それぞれの部位数を示しているが，韓国では Medium High Risk に相当する 4 年間が標準の定期検査周期であり，High Risk では 1 年後との検査が要求されることになる．逆に Medium Risk，Low Risk レベルでは，それぞれ 6 年，8 年にその周期を延ばしてよいこと

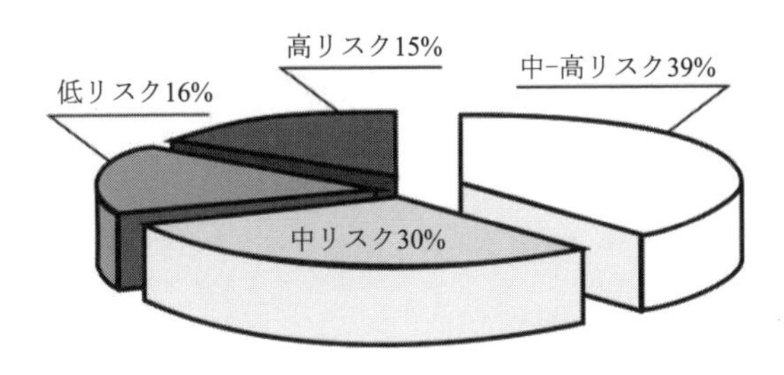

図 5.1　韓国石油精製プラントの RBI 評価一例（2000 部位）

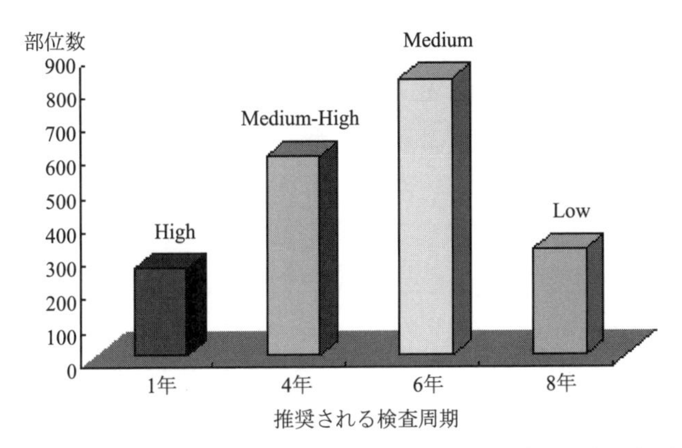

図 5.2　韓国，石油精製プラントのリスク分布と検査周期の推奨

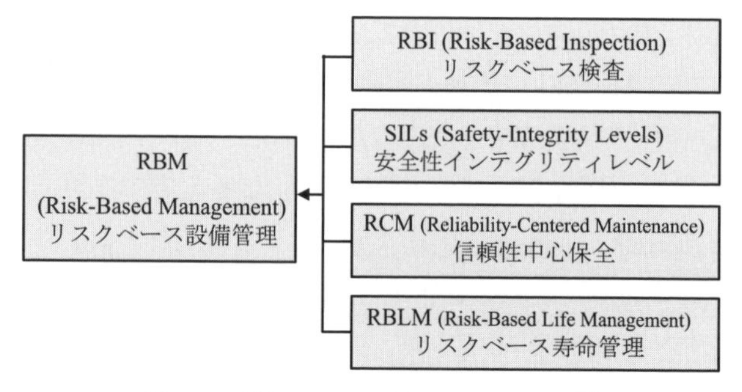

図 5.3　韓国　石油精製 RBM の構成[3)]

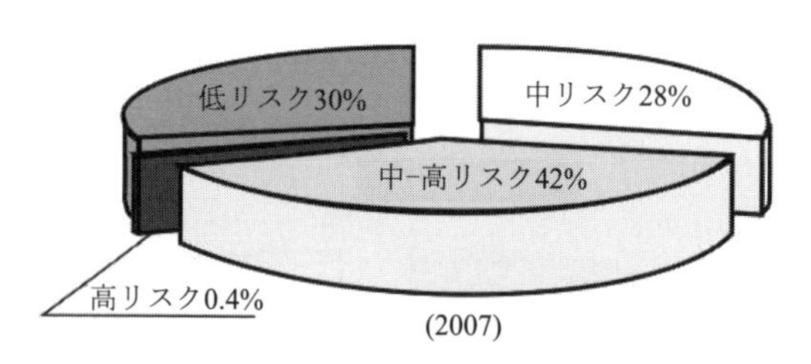

図 5.4　サウジアラムコ石油精製設備の RBI 一例[4)]

になる.

図 5.3 は，韓国の石油精製プラント RBM の考え方を示したものである. RBM をリスクベース管理という位置付けとしており，その中に RBI，SILs（安全性指標），RCM，RBLM（Risk Based Life Management）を含む. 考え方は，欧州 RIMAP にも通ずる.

サウジアラビア（サウジアラムコ；国営石油会社）では，広大な国土に五つの国営石油精製プラントと二つの共同石油精製プラントを有しており，API-581 のグループユーザとして設備維持管理に RBI を適用している. 図 5.4 は，石油精製プラントにおいて 2007 年に評価した時点で得られたリスク分布であり比較的高いリスクの結果が得られている. ここでは，設備のコロージョンループを構成し，圧力容器，熱交換器，フィン，ファン，配管など 463 機器を対象に評価が行われた. 図 5.5 は 2007 年の結果からリスク低減対策を行い 2009 年のリスクと 2014 年までのリスクを予想評価したもので

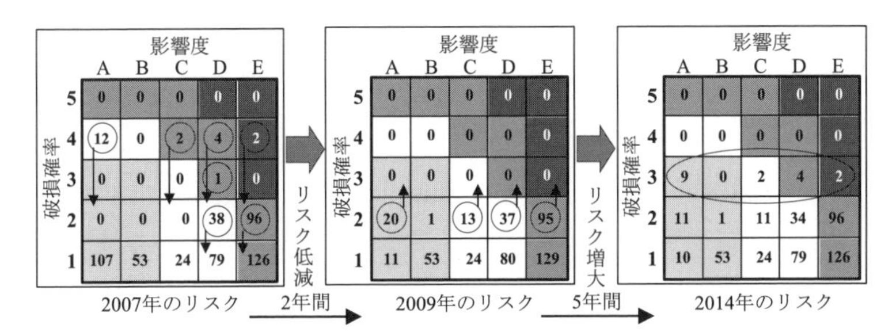

図 5.5　サウジアラムコによるリスクの経時的変化および（検査周期の検討）[4)]

ある．破損確率（縦方向）は変化するが，2014 年でも一部を除いてリスクはそれほど上がらない．いいかえれば一部の機器の取扱いを検討すれば，従来 2 年の検査周期を 5 年程度に延長するのは可能であることがわかる[4)]．

国内の石油精製設備については，東燃ゼネラル石油，JX エネルギー，コスモ石油なども独自の手法で RBM を実施している．

中国の硫黄回収装置における事例では，水素化脱硫装置で発生するガスなどに含まれる硫化水素を元素硫黄として回収する過程で RBM を適用している．高温処理で，S，CO_2，CS_2，SO_2，NO，NO_2などが生成し，低温で SO_2-O_2-H_2O および H_2S-CO_2-H_2O による腐食の可能性が高い．同装置は 4 ユニット，54 の静的機器，90 の配管を含み API-581 に従った評価（損傷係数による破損確率評価と拡散，火炎性，毒性の漏洩速度から評価した影響度）を行った．機器では高リスク（High および Medium High）部位が 7，パイプラインではわずかに 1 部位であった[5)]．

5.2　適用事例②【石油化学・化学プラント】[6)]

中国の石油化学分野では，以下の基準に従い 145 基の石油化学プラントへ RBI が適用された．

- 中国工業規格 “Recommended Practice for RBI, SY/T6653”
- 中国国家規格 “Implementation Guideline for RBI of pressure-bearing equipment systems（ドラフト）”

・RBIソフトウェア構築（いくつかの特許を含む）

扱う損傷メカニズムは，高温水素損傷，保温材下腐食，硫酸ナフテン酸腐食，高温 H_2S/H_2 腐食，酸水溶液腐食，塩酸SCCなどであり，10のユニットにおいて比較的高いリスク（High Risk + Medium High Risk）の機器は全体の43.6%と評価された．一方，パイプラインは10.8%であり機器に比べリスクは低いことがわかった．

韓国の石油化学の例として，反応塔および圧力容器を例にとってAPI-581を改良した方法で評価を示した．石油精製設備に適用されるAPI-581は，影響度（被害の大きさ）を評価するには不十分な点が多い．何故なら，石油化学では取り扱う生成物および機器が，石油精製とは異なり，非常に複雑である．ここでは，影響の大きいCOF（影響度）の評価について改良を加え評価プログラムを構築し反応塔および圧力容器に適用した．半定量的手法および定量的手法を導入し，API-581による評価結果と比較した[7)]．

ある化学設備では，経年プラントの弱点設備を明確にして，予期しないトラブル防止，重中故障削減のためにRBMを適用している．メンテナンス・レビューと称して，検査有効度の活用，過去の検査データおよび検査方法，検査範囲，検査周期の系統的分析，使用環境，運転条件に起因する劣化損傷要因に応じた検査の有効性の評価を行い，検査の度合いと結果の度合いから次回検査の保障期限を算出する方法である．図5.6に示すように重中故障が

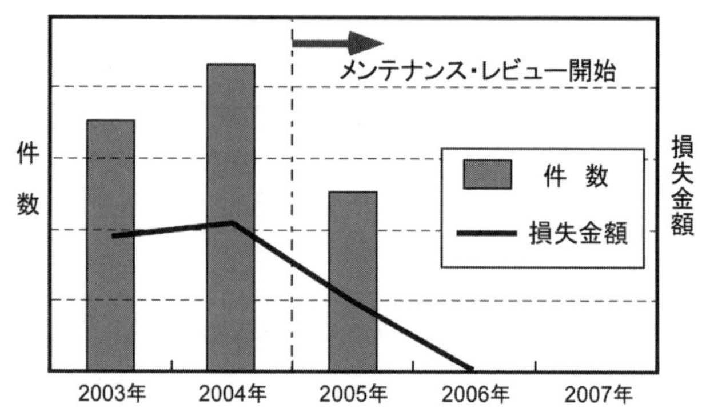

図5.6　RBIを用いたメンテナンス・レビューでの故障と損失の変化

減少しその結果損失金額も減少した[8)].

化学プラントのRBIの課題の一番は，化学プロセスは多岐にわたり，全ての劣化事象をカバーできるテクニカルモジュール（TM）が少なく，プラント毎に独自のTMを作成する必要がある．次に，設備管理が検査を主体にする実証主義に偏っており，劣化が存在しないというメカニズムを証明できないため，劣化の少ない機器の検査を大胆に止めることが難しいことである．一般的に設備全般の20%に劣化が集中すると言われており，RBIは，その健全な，老化のない80%の設備を発見し，検査を止めること，20%の劣化に資源を集中することであり，そのためのスクリーニング技術である．最終的に，設備の信頼性を向上させ，コストダウンを図ることである．以下，RBIの上記の課題に対する方策とその例を示す．

スクリーニング（選択と集中）には，コロージョンループを作成することが効果的である．コロージョンループとは，機器と配管・計装設備の配管類を組合せた同一劣化系である．ループ毎の劣化を検査情報の多い設備毎（点）から配管類を含んだコロージョンループ（線）に拡大し，網羅的に，ループ単位で劣化を絞り込む．資料として，できればP&ID（Piping and Instrumentation Diagram）を用いることが好ましい．色を塗りながら，細部の枝配管まで抜けがなく管理することで，プロセスの理解や外面腐食管理の詳細管理にも適用できる．スクリーニング技術には，燃焼・爆発性，毒性の影響度にフォーカスしたQRA（Quantitative Risk Assessment）により，被

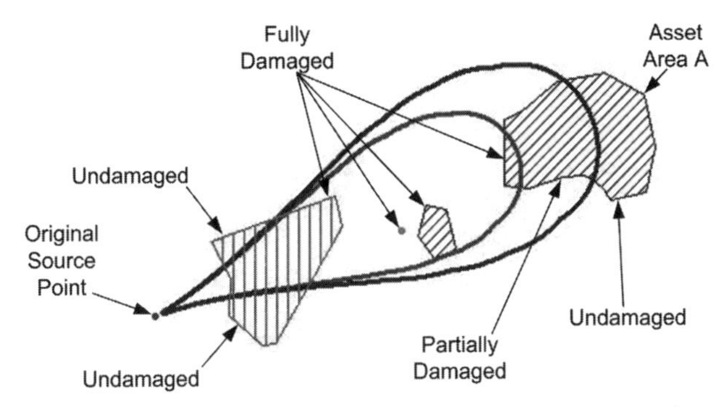

図5.7 被害影響範囲（Risk Contours）DNV社資料[9,10)]

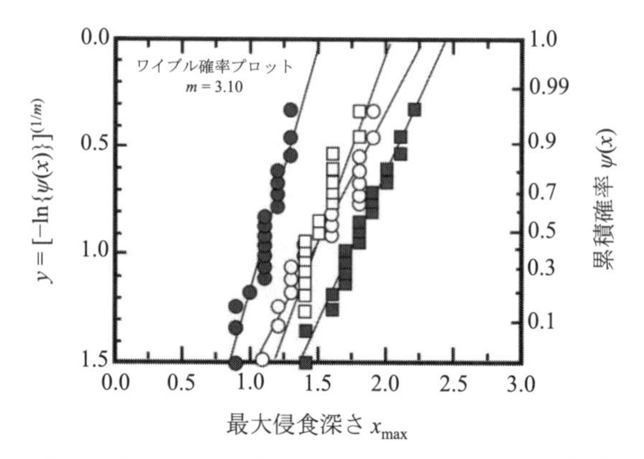

図 5.8 (a)　実際の腐食サンプルの確率モデル化[9,10)]

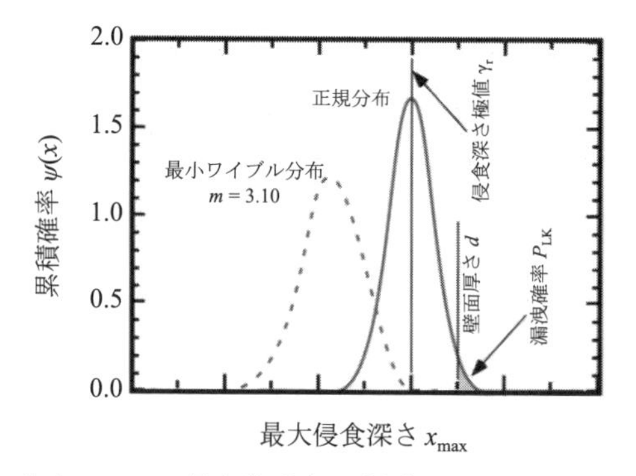

図 5.8 (b)　確率モデルの最大値分布が肉厚 d 以上になる漏洩確率 P_{LK}[9,10)]

害の影響範囲を地図で表し，視覚化する方法がある．それにより，説得性が増し，その影響範囲を安全なレベルまで縮小するためのインセンティブが働く．（図 5.7 参照）

TM については，TM を作成するため，化学工場の有機溶媒系での腐食の確率モデルを検討した．

この系は，全面腐食であり，腐食は拡散律速である．図 5.8 (a) に示すように，設備の実際減肉の腐食量分布をモデル化した．そのモデルを使用し，図 5.8 (b) に示すように，減肉の極値が正規分布すると仮定し，その上限が設備の肉厚を超える確率を求め，漏洩確率 P_{LK}とした．

配管フランジからの漏洩確率は一般破損確率（Generic Failure Frequency：GFF）が大きすぎ，被害の拡大範囲を過大評価することがわかった．設備履歴から実際の漏洩頻度を調査した．図 5.9 に示すように，API581 に記載されている GFF から，5，10，25 mm の穴の開口累積確率モデルに平行

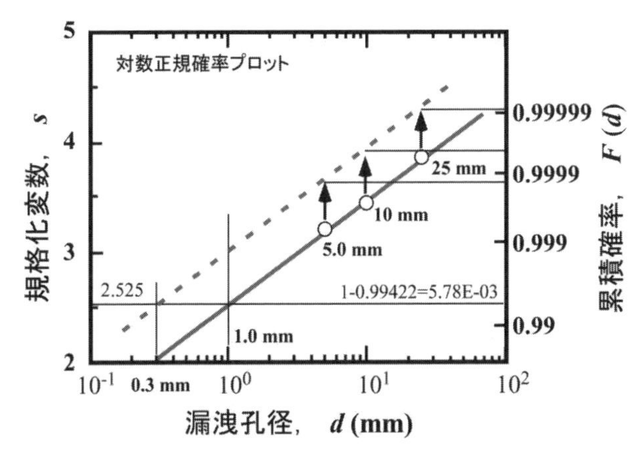

図 5.9　漏洩孔径が d に達するまでの累積確率 $F(d)$ と漏洩孔径 d との関係[9,10]

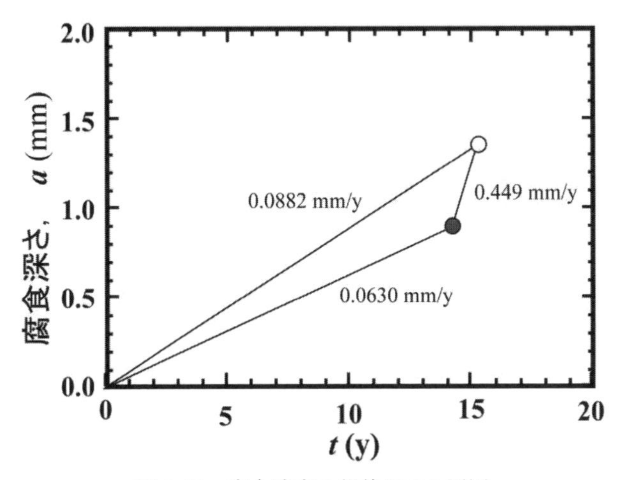

図 5.10　腐食速度の誤差がでる原因

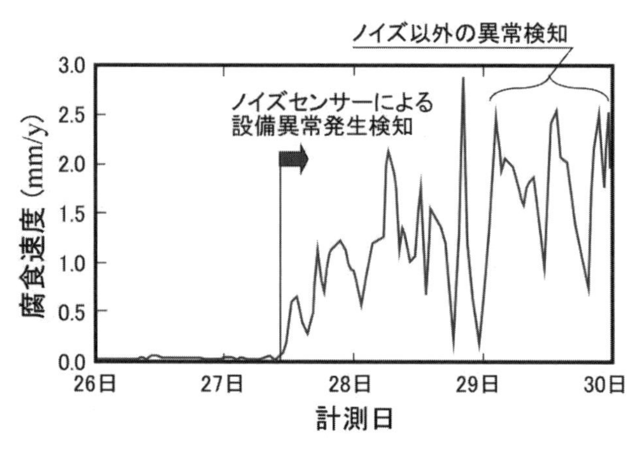

図5.11　電気化学ノイズセンサーによるその場測定

に，実際の0.3 mmの開口累積確率99.422%を通る直線を引いた結果，実プラントでは穴径が5，10，25 mmに達するまでの累積確率は矢印の方向に大きくなり，かなり安全側であることがわかった．開口累積確率は，漏洩する穴径がdに達するまでの累積確率F（d）を示す．

更に信頼性を向上させるために，ガスケットの増し締めを数千箇所行い，東日本大震災でも漏洩を防止できた．

次に，TMの妥当性を評価するため，検証を行う必要がある．その例を図5.10　に示す．評価に腐食速度を用いているため，直近の検査時期から現在までの腐食速度と設置年から現在までの腐食速度が大きく解離していることが，寿命や漏洩確率に誤差を生じる原因である．これを防止する方法として，図5.11に示すように，腐食モニタリングによる瞬時の腐食速度を知ることが重要になる．

5.3　適用事例③【火力発電設備】[11)]

火力発電設備に関しては，最も古い事例として稼働率改善を目的とした米国Niagara Mohawk発電所のRBI適用がある．RBIは，図5.12に示すようなフローで実施され，前述したASME CRTD-20-1（1991），CRTD-3

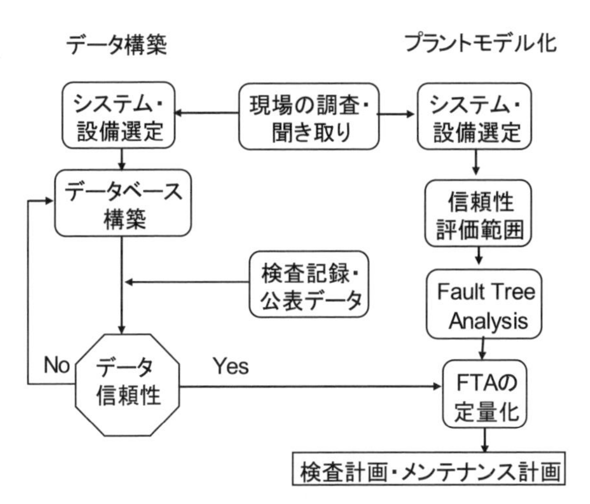

図 5.12　Mohawk 発電所 RBI の手順

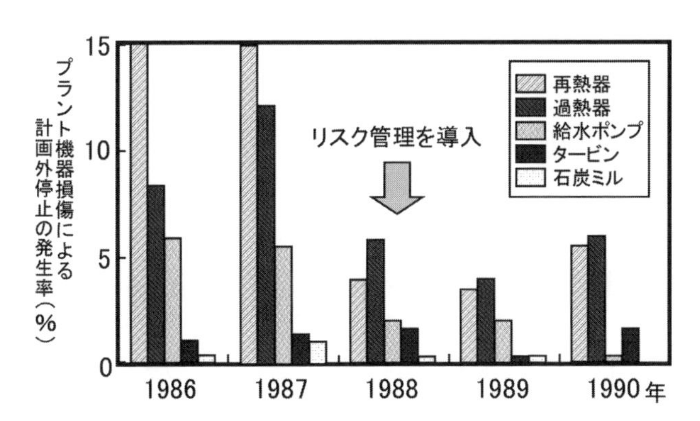

図 5.13　Mohawk 発電所 RBI による計画外停止発生率の減少

(1993) を参照している．この結果を図 5.13 に示す．1988 年から計画外停止の発生率が激減したことがわかる．その結果，RBI 適用の効果として稼働率（計画内運転時間率）が 70.4%（1987）から 84.5%（1989）へ増加し，設備利用率（全定格発電量に対する発電量）で 59.9%（1978）から 76.5%（1990）へ改善された．

国内の火力発電ボイラでは，1999 年，（株）IHI が初めて適用し，その後，

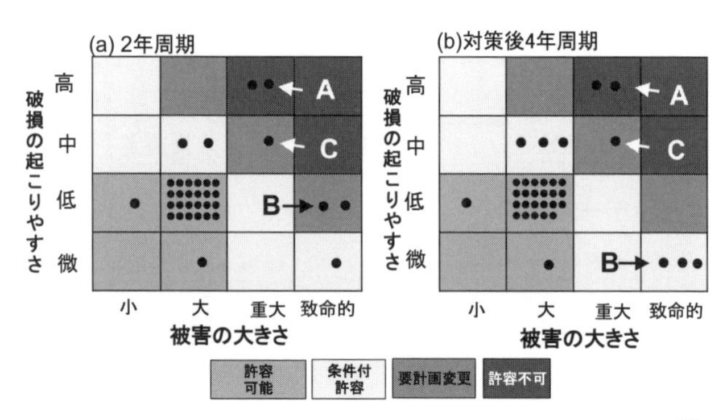

図 5.14　事業用ボイラにおける RBM 結果(検査周期延長)[12)]

事業用，産業用合わせて 13 缶以上のボイラへ適用している．図 5.14 は事業用ボイラで 2 年（現在）の検査周期を 4 年に延長した時の RBM 評価結果を示す．メンテナンス計画で対策を講ずることによりリスクは低減するが，A および C の二つの機器はリスクの低減ができない．従って，A および C の機器を取替えることで 4 年まで検査周期を延長することが可能である．なお，同図 B は検査方法を改善し破損の起こりやすさのランクを下げたものである．また，低リスク部位での検査の省略，LCC（ライフサイクルコスト）の低減など様々な利点があることを確認している．

火力発電所（関西電力）の適用例では，過去 10 年間の運転・保全データを基に 34 ユニットの火力発電所に RBM を導入した．その際，重要度の高い機器と重要度の低い機器の分類を行いリスク評価の結果から，TBM（時間基準保全，定期保全），CBM（状態監視保全），BDM（事後保全，実際にはほとんど無い）の三つのレベルの保全計画を策定した．その結果，ある発電所では重要度の低い機器の検査省略費用を中心に全体で 50％の定期点検費用の削減が可能になった[13)]．

火力発電ボイラの RBM から，メンテナンス計画を LCC を用いて評価する手法が示されている．図 5.15 は，火力発電用ボイラのバーナーウォールボックス溶接部における熱疲労損傷の発生を起動停止回数との関係で示したものである．この関係を用い，RBM により高リスク部として評価された当該部に対し，破損確率，補修費用，操業損失費などから計算した LCC を示

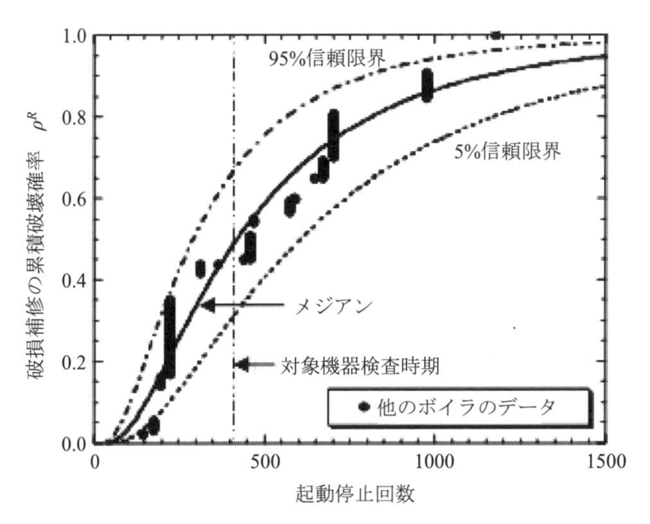

図 5.15 ボイラ高リスク部位の起動停止と破損確率

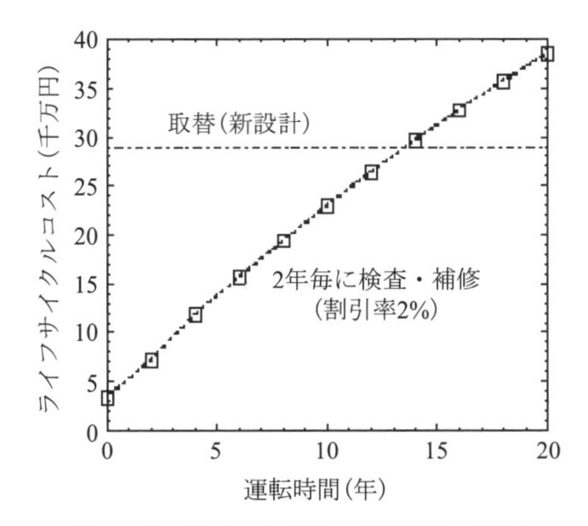

図 5.16 高リスク部位の対策案の LCC

したのが図 5.16 である．2 年毎に検査し疲労き裂が検出されれば補修する，新しい設計による取替え（初年度のみ取替え費用が発生）の 2 通りのオプションが与えられた．当面 10 年間は 2 年毎に検査・補修した方がコストは低いことがわかる．すなわち，このようにリスク評価により従来の定性的な判断から定量的な計画立案へ移行することが可能になる[14)]．

国内のその他の火力発電設備では，三菱重工[15]，東芝[16]，日立製作所[17]なども独自のシステムを構築している．

シンガポールTuas火力発電所では，表5.1に示すように運転時間が少ない比較的新しいボイラ600MW×2缶を対象として，稼働率を向上させるためのメンテナンス計画にRBMが適用された．表5.2に代表部位の寿命消費率を示すが，運転時間も少ないため劣化・損傷は小さいことがわかる．このように新しいプラントでありながらRBMを適用したのは他発電所との競争力強化のため少しでも稼働率を向上させることが目的である．シンガポール人材開発省の圧力容器規定で規定されている2年に一度の定期検査（ただし運転が20年未満の発電所）を3年に延長する申請の根拠としてRBM結果が用いられた．3年に延長してもリスクは受容範囲内にあり，延長が可能であることが示された．その結果，平均稼働率2.5%の改善（9日間の検査期間の短縮），6年間で最大42日，最小14日の稼働率改善（検査期間の短縮）が可能であることが明らかにされた[18]．

韓国の電力設備関連は，1980年初頭より予防保全の概念が導入された後1990年に入り高い信頼性を有する韓国の標準的な石炭火力発電設備

表5.1　Tuas発電所　RBI対象設備

ユニット	商用運転		運転時間(h)	起動回数		
	運開	停止		コールド	ウオーム	ホット
1	01/03/99	31/05/01	17,534	5	12	10
2	31/12/09	31/05/01	10,624	6	6	6

表5.2　代表的な部位の寿命消費率

機器	損傷メカニズム	#	部位	寿命消費率%
最終過熱器出口管寄	クリープ	1	外面枝管	0.053
		2	外面枝管	0.008
	リガメントクラック	1	スタブ53列	5.109
		2	スタブ13列	3.519
2次過熱器出口管寄	クリープ	1	本体19列	1.988
		2	本体15列	0.906
	リガメントクラック	1	スタブ7列	0.544
		2	スタブ15列	0.532
⋮	⋮	⋮	⋮	⋮

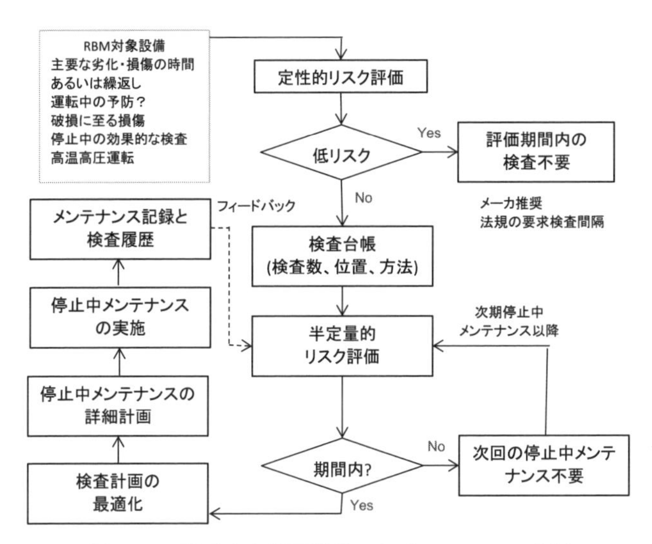

図 5.17　韓国火力発電設備における RBM の手順

(500MW）が建設され，甚大な故障がほとんど無いこともあり，定期検査周期の延長が求められてきた．そのような状況のもと，2004 年から国家戦略として RBM の導入が図られた．KEPRI（韓国電力中央研究所）が中心になり API-580 に準拠するシステムを構築し（実際のソフトは eMainTec 社が構築）定期検査時の計画策定に適用されている[19)]．評価のフローは図 5.17 に示すとおりで，まず定性評価で低リスクと評価された部位は検査省略を，リスクが高い部位では半定量的な手法でリスクを算定し，メンテナンス計画を策定する．RBM 適用前と適用後の検査計画の改善方法を図 5.18 に示す．まず 2 年に 1 回要求される法定検査はそのままだが，従来 6 年毎に行ってきた主要機器（高圧タービン，低圧タービン，ボイラ，発電機，周辺機器）の点検は 8 年毎に延長し，主要機器の中間で 2 年毎に行ってきた簡易点検（低圧タービン，ボイラ，周辺機器）を主要点検の中間（8 年毎）に行う．周辺機器とは，ポンプやモータ，ブロア，熱交換器，ファン等である．その効果として，高リスク部位の検査を充実することで 30% のコストダウン，MTTR（Mean time to repair，平均復旧期間）の削減，MTBF（Mean time between failure，平均故障期間）の延長が可能となりその結果，一ユニット

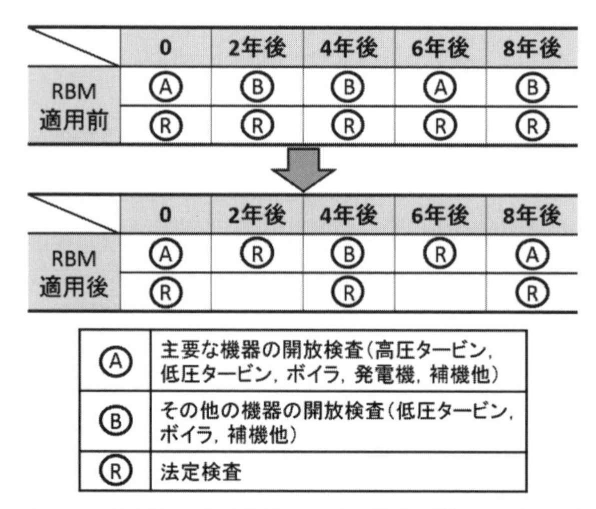

図5.18　韓国火力発電設備における検査周期の延長と設定

当り195日の停止期間の短縮，生涯操業に対する23%の開放検査コストの削減が期待される．

中国の電力設備におけるRBM適用の一例として，API-581に従ったボイラ過熱器に関する検討結果が示されている[20]．損傷は，クリープ損傷が主体的であり余寿命評価と損傷係数から損傷確率を定義している．

5.4　適用事例④【貯蔵設備】[21]

石油備蓄タンクは，腐食損傷による経年劣化が不可避であり，経年劣化を考慮した保全計画と維持保全に要する膨大なコストを合理的に削減することが求められている．HPI-TSM委員会で実施されたシステム構築は，RBI，FFS（供用適性評価），NDI（非破壊検査）を組合せたものである．その中で重点検査箇所の決定や検出された欠陥の評価にはFFSを用い，日常検査，定期検査の方法や周期をRBIで決定する．図5.19には備蓄タンク各部位の破損確率推定手順を，表5.3にはタンク部位別の破損確率算出に必要なデータ一覧を示した．検査有効度と検査回数，腐食減肉パラメータより破損確率

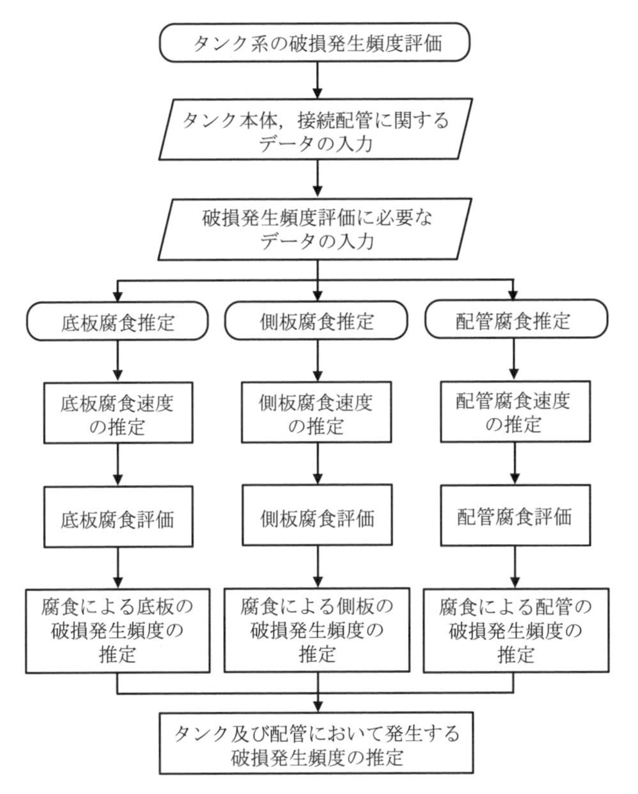

図 5.19　備蓄タンク系の破損確率の求め方

修正係数を求め，破損確率を改善する方法を採用した．破損の影響度は，漏洩，崩壊などの破損モードに基づき防油堤内，サイト内，サイト外，海水，河川水，地下土壌，地下水などを考慮して算出し最終的には LCC（ライフサイクルコスト）に換算している．

液化天然ガス（LNG）用二重殻地上タンクの例では，1985 年当時に建設された 9% Ni 鋼製タンク（10 万 kl）と Al 合金（A5083，8 万 kl）製の二つのタンクについて RBM 評価が実施された．基本的に開放検査は実施していないため各部の検査記録は無い．従って，約 600 の部位について計算・解析およびシミュレーションによって損傷推定評価，破損の起こりやすさの評価を行った．負荷は液面変動やその他自然現象の外力による．影響度は，ガス

表5.3　部位別の破損確率算出に必要なデータ

データ	底板	側板	配管
タンク供用年数	○	○	—
タンク立地場所の区分	○	○	—
底板，側板，配管など評価部位の板厚	○	○	○
貯油温度	○	○	—
タンク基礎の形態	○	—	—
タンク基礎土壌の電気抵抗率	○	—	—
タンク基礎部の排水状況	○	—	—
電気防食の有無	○	—	—
コーティングの有無と供用年数	○	○	—
タンク内のスチーム加温の有無	○	○	—
タンク・配管内部の水分の有無	○	○	○
側板外部付属物の有無	—	○	—
側板外面のペイントの状況	—	○	—
検査履歴と検査の質	○	○	○
底板，側板，配管の実測腐食速度	○	○	○
配管コーティング，ペイント状況	—	—	○

漏洩・液漏洩が小規模または大規模に起きることを想定して評価された．図5.20に結果の一例を示す．外槽タンク（炭素鋼）については，破損確率のばらつきは大きいが直接LNGが漏洩することは無く，被害は小さい．内槽については，破損確率は比較的大きく影響度も大きい．特に底板と側板のすみ肉溶接部（隅角部）ではリスクが大きい．これは，建設当時の溶接技量や検査の精度を考慮した欠陥を想定し，それが経年的に拡大する保守的なシナリオで計算したためである．この方法を用いて，10年後，50年後のリスクの変化・増大の計算も可能である．ただし，検査計画（開放検査）策定には外部からの非破壊検査（稼動中）などの開発により継続的な状態監視が可能になるという条件が必要である[22)]．

同様に，液化天然ガス（LNG）基地の例として，関西電力（姫路LNG基地）での適用が見られる．ここでは36%のコストダウンが報告されている[23)]．

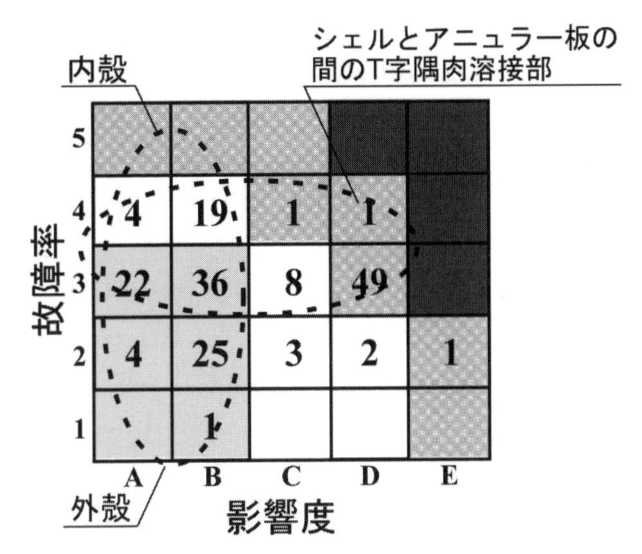

図 5.20　2 重殻 LNG 地上タンクの RBM 結果

5.5　適用事例⑤【ガス設備】

経済産業省の下，ガス保安リスクマネジメント調査特別委員会（委員長；酒井信介東大教授）が設置され，2007-2009 年の 3 年をかけてシステム構築が行われた[24)]．委員会運営は日本ガス協会，システム構築は三菱総研/東京海上日動リスクコンサルティングが担当した．過去 6 年間のガス事故のデータを参考に事故分析を行い事故発生件数とその影響度から定量的なリスクの割り出しとランキングを行った．このような定量化したリスクを基に保安対策を策定し PDCA を併用しながら継続的に改善するシステムを構築した[25)]．

5.6　適用事例⑥【宇宙開発設備】[26)]

JAXA（宇宙航空研究開発機構）では，振動試験を行う小規模試験設備からロケットエンジン燃焼試験を行う大規模試験設備まで様々な専門設備に加え，発電所，受変電設備など多くの一般的な施設・設備を有している．またロケット打上げ設備は産業界のプラント同様の大規模・複合設備である．これらについて毎年，法定点検に加え単体点検，システム点検など設備保全を実施してきたが，例えばロケット打上げ設備は完成から25年経ちロケット作業開始前に保全を行ってもロケット作業中に設備の劣化起因で発生する故障を減らすことができない老朽化の影響が出ている．このロケット作業中の設備故障ゼロを目標として保全の改善を検討し予防保全の考え方を従来に増して導入する等の課題を識別した．これらの課題を解決し設備の信頼性を向上させる目的でRBMを適用すべく試行を行った．試行はRBMの有効性及びJAXA設備全体への導入実現性を検証するために2008~2010年度に鹿児島県・種子島宇宙センターの高圧ガス貯蔵供給設備，北海道・大樹航空宇宙実験場の大気球電波設備及び宮城県・角田宇宙センターのロケットエンジン燃焼試験設備で実施した．ここでは種子島宇宙センター及び大樹航空宇宙実験場での試行結果を説明する．

種子島宇宙センターではH-IIAロケット/H-IIBロケット打上げに係る設備の保全に責任を持っている．そこでRBMの試行では，ロケット打上げ設備を代表する設備として高圧ガス貯蔵供給設備を選定しN_2ガス系とHeガス系の内ロケットとの関係がより強いHeガス系を対象とした．RBMはJAXAでは初めてなので，まずAPI581に準拠した試行を行った．

故障確率の算出では，459点の構成品について印刷物で保管している膨大な保全データ及び故障データから該当データを探索し電子化する工程から必要で，体系的な保全電子情報データベースの有効性を再認識した．また故障確率算出で重要な非故障データをこれまで蓄積してこなかったため，今後の本格的な定量的評価には非故障データベースの構築が新たな課題になることも認識した．以上より準備した保全データには故障とその対策の記録はあるが，例えば大口径配管の減肉トレンドデータ，故障の兆候事象及び故障頻度といった様々なデータが不足すると判明したことから，劣化予測モデルを検討しつつ少ない標本データでの確率算出に有効なベイズ統計を活用した．今回は比較的容易に設定できる機器の寿命末期としてモデル化して安全側になったことと，係数aとbの推定が初期段階であったことから故障確率算出値が高目であった．この結果から検査データ追加とモデル関数変更で算出精度が向上することの検証及び多くの保全データを収集しなくても済む新たな定性的故障確率算出手法検討という二つの課題を得た.

故障の影響度算出は，ロケット作業を整理し「He ガスをロケットへ供給できない」をトップ事象としたFTA を行いその末端事象に係る機器の識別から開始した．その各機器について冗長系の有無，ロケット作業中の作動回数，修理難易度，作業遅延日数及び保全技術者の知見を使って影響度を算出した．この影響度は，保全現場の感覚と一致した妥当なものになったが，算出に必要なリソースが大きくFTA 実施に専門知識を要することから，この手法でJAXA 全設備へ導入は困難との結果となり，これを解決することが課題となった.

以上から得た高圧ガス貯蔵供給設備全機器のリスクマトリックス及びリスクが高い5機器の内3機器が集中している系統を図5.21 に示す．このリスク評価は保全現場技術者の「比較的故障が多くロケット打上げに影響がある機器」という知見と一致したものである.

種子島宇宙センターの試行で得た課題を解決し，JAXA で重要な位置付けにある電気系設備へRBM を導入する有効性と実現性を検証する目的で，大樹航空宇宙実験場での試行を継続した．大樹航空宇宙実験場ではJAXA 宇宙科学研究所が我が国唯一の大気球実験設備を運用しており，完成から約30 年経った設備の老朽化故障を大気球実験で発生させないための保全改善を必要としていた．今回は大気球実験で最も重要な電波送受信設備を対象と

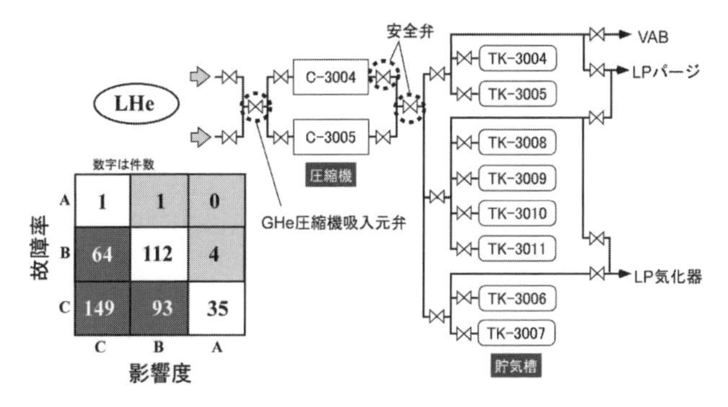

図5.21 種子島宇宙センター高圧ガス貯蔵供給設備のリスク評価結果

した．

本試行では，我が国産業界の保全でのリスク導入について電気系設備を含めた実態及びRBMを先行したアメリカの原子力発電所の最新動向を調査した．その結果，API581に沿った定量的評価手法構築にはどの業界でも故障確率算出は現場に適合させる補正が必要でそれが困難であること及びリスク評価は故障の影響度が支配的で故障確率の反映方法に改善が必要であることが共通課題であるとわかった．またアメリカの原子力発電所では，RBMにより稼働率向上の効果があったものの評価に必要なマンパワーとリスク精度の検討が始まり2009年から定性的リスク評価へ転換する発電所が増えていることが判明した．これらは種子島宇宙センターの試行結果で得た課題と共通の要因であると言える．

そこで本試行では，故障確率も故障の影響度も膨大な検査データ収集や専門的FTAを必ずしも必要としない定性的なリスク評価へ転換した．

故障確率の評価は，質問に「はい」「いいえ」と答えることで機械系部品でも電気系部品でも「頻繁に故障する（過去10年で3回以上）：ランク4」から「ほとんど故障しない（部品寿命が10年以上で定期交換実施）：ランク1」の4ランクに分けることができるロジックツリーを構築した．本ロジックでは部品の故障モードに対応した故障の予兆パラメータという概念を導入したことで設備毎，検査データの蓄積により評価精度向上が可能である．更に種子島の試行でベイズ統計活用の課題であったモデル関数についてもワイブル関数に変換しにより正しい値に近づくことを確認した．

故障の影響度評価も故障確率と同様にFMECAをロジックに反映して「設備運用休止3ヶ月以上：ランクD」から「設備運用休止不要：ランクA」までの4ランクに分けることができるロジックツリーを構築した．本ロジックは設備運用への影響のみならず要員の事故及び環境への影響も組み込んだことがJAXAらしい特徴と言えるが，大気球実験設備では実験中止に伴う外部への影響も評価が更に必要で，この改善は今後の課題となった．

故障確率も故障の影響度も一次ロジックによる評価結果は設備運用を熟知している現場技術者の知見との適合度が良くなかったため，例えば故障確率では電子部品を判別するロジック追加，故障の影響度では実験前に加えて実

表 5.4 大樹航空宇宙実験場大気球実験電波送受信設備リスク評価結果

No.	機器構成品レベル1	機器構成品レベル2	機器構成品レベル3	損傷・故障事故の波及情報				故障影響度ランク	事故頻度{3年に1度以上：頻発}［選択］	電気・電子部品の有無［選択］	有寿命使用・交換状況			損傷・故障モード		故障頻度ランク［予備判定］	対象機器リスクランク［自動入力］
				予備構成品在庫有無［選択］	予備構成品在庫有無［選択］	予備品入荷・復旧期間［選択］	冗長性	予備判定［選択］［MAX］			有寿命品頻度［複数入力可］	有寿命品寿命［選択］	定期交換実施状況［選択］	故障予兆パラメータ［選択］	予兆検出器間		
1.1.7			アンテナ	無	無	3カ月未満	無	C	頻発せず	電気部品以外	アンテナ	10年以上20年未満	実施せず	診断可	12ヶ月	1	I
1.1.8			LOW NOIS AMPL	無	無	3ヶ月未満	無	C	頻発せず	有	電解コンデンサ（タンタル）	10年未満	実施せず	診断不可	無	3	Ⅲ
1.1.19		1680MHz パワーデバイダー		無	無	3ヶ月未満	無	C	頻発せず	有			実施せず	診断不可	無	2	Ⅱ
1.1.26			エンコーダ電源	有（2個）	無	3ヶ月未満	無	A	頻発せず	有	電解コンデンサ	10年未満	実施せず	診断不可	無	3	I
1.1.45		リレーユニット		有	無	3ヶ月未満	無	A	頻発せず	有	リレー	10年以上20年未満	実施せず	診断不可	無	2	I
		ROTATOR		無	無	3ヶ月未満	無	B	頻発せず	電気部品以外	ROTATR	10年以上20年未満	実施せず	診断不可	12ヶ月	1	I
		コネクターパネル		無	無	3ヶ月未満	無	A	頻発せず	有	ヒューズ，アブソーバ	10年以上20年未満	実施せず	診断不可	無	1	I
		BUFFER UNIT		無	無	3ヶ月未満	無	A	頻発せず	有	電解コンデンサ	10年未満	実施せず	診断不可	無	3	I
	無停電電源装置			無	無	1週間未満	無	B	頻発せず	有	AC/DC	10年未満	実施せず	診断不可	無	3	Ⅱ

験中も評価するロジック追加など現場技術者の知見を反映した二次ロジックを作成した.

以上により得た定性的リスク評価ロジックを Exccel ワークシートに組み込んで行ったリスク評価結果の一部を表 5.4　に示す．これを 4×4 リスクマトリックスに表した結果は現場技術者及び大気球実験担当者の把握しているリスクと合致した正確なものであった．この定性的リスク評価ロジックは JAXA 全設備の保全で導入が可能であると結論付けた.

以上の試行により JAXA の RBM としては設備のデータ整備状況に応じて定量的評価と定性的評価を選択できるプロセスの標準化が可能との目処を得ることができた．更に精度良いリスク評価手法の確定と導入効果を確認する調査・研究を継続している.

5.7　適用事例⑦【大型機械（溶接構造物）】[27)]

岸壁で稼動しているクレーンのうち石炭，鉄鉱石などの荷役・運搬をしているのが橋型アンローダである．アンローダは代表的な溶接構造（図 5.22）だが，海浜環境における腐食劣化（塗装劣化）および荷役作業の繰返し負荷による経年的な劣化が生じる．従来，設計時点で疲労損傷については考慮されているが，実際の検査では腐食による減肉や疲労き裂の発生などが検出されている．合理的な検査やメンテナンス計画を策定するための RBM が適用された．破損の起こりやすさは評定期間（通常次期検査まで）を定め，評価部位の余寿命評価や同型他機での損傷事例を基に判定モジュールに従ってランキングを行って決定した．被害の大きさは安全性（運転者のみ），経済性（補修，操業停止，停船料ほか）の両面から評価した．あるアンローダ（22 部材，254 評価部位）の RBM 評価結果を図 5.23 に示す．安全性および経済性の二つのリスクマトリックスで表示してある．この内，A にはカンチレバーフランジとウエブの溶接部が含まれるが，腐食減肉，疲労き裂の発生および累積損傷が大きく詳細な検査などの対策をしてもリスクは低減しなかった．従って，リスクを低減させるには大規模な補修または新設しかなく，ここでは RBM 結果に従った改修提案が行われた．バックステーは，通

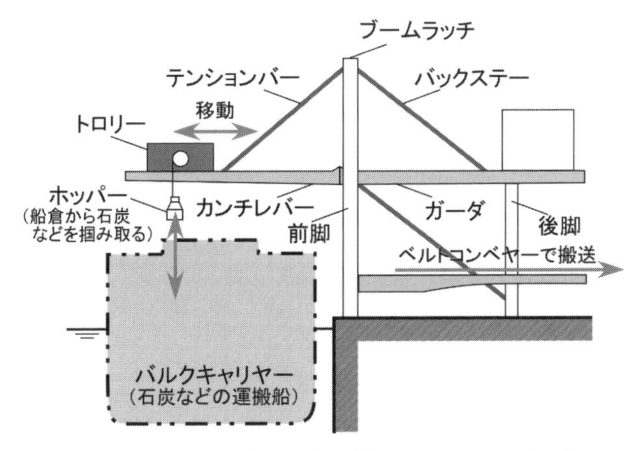

図 5.22　RBM 評価の対象　橋型アンローダの概要

凡例：許容可能／条件付許容／要計画変更／許容不可

(a) 安全性を基準にしたリスクマトリックス

破損の起こりやすさ ＼ 被害の大きさ（安全性）	微小	小	重大	致命的
高	0 0%	0 0%	0 0%	4 1.6% A
中	17 6.7%	0 0%	0 0%	2 0.8% B
低	78 30.7%	0 0%	2 0.8%	11 4.3%
微	95 37.4%	0 0%	0 0%	45 17.7%

(b) 経済性を基準にしたリスクマトリックス

破損の起こりやすさ ＼ 被害の大きさ（経済性）	微小	小	重大	致命的
高	0 0%	0 0%	4 1.6%	0 0%
中	14 6.7%	0 0%	5 2.0%	2 0.8%
低	69 27.2%	1 0.4%	21 8.3%	0 0%
微	85 33.5%	3 12%	52 20.5%	0 0%

図 5.23　橋型アンローダにおける RBM の評価結果

常検査ができず損傷した時の被害も大きいため高リスクとして評価されるが，その対策としては大掛かりな検査，または検査が有効で無い場合は補修・取替えという選択がされる．このように高リスク部位の検査・メンテナンス計画を策定する基準として RBM 結果が適用される．

5.8　適用事例⑧【船舶】[28)]

船級協会は，船舶と設備の技術上の基準を定め，設計がこの基準に従っているように確認し船舶と設備を建造から就役の過程で検査し，さらに就役後も繰り返し検査し続けて基準に沿っていることを保証する機関である．世界的には4大船級協会（DNV，ABS，ロイド，Class NK（日本海事協会））がしのぎを削り，検査計画の手法としてそれぞれRBMの導入を図っている．

そのうち，Class NKは，API581，ASME，RIMAP，HPI，JSMEの活動などを参照しつつ，舶用機関の豊富な検査データを基に定量的なリスク評価法（厳密には半定量化手法）を開発した．そのリスク評価の全容を図5.24に示した．損傷データベースから得られる過去の損傷部品数と部品数から得られる損傷率（下式）と船齢の関係をプロットして基本データとする．

1996～2005年度の損傷データベースの解析から，この損傷率が，

$$[損傷率](\%/年)=100\times\frac{[各船齢の単位年度当りの損傷部品数]}{[各船齢の全船舶に搭載される部品数]}$$

とする．1996～2005年度の損傷データベースの解析から，この損傷率が，

$$\lambda(T)=a\cdot\exp(b\cdot T)$$

ここで，a,b：定数，T：船齢

で整理された．この事実を基礎に，定数aを検査の度にベイズ理論を用いて修正する．保守点検方法修正因子と係数は表5.5　とした．また，損傷時の運行影響度は，表5.6　に示す様に運航不能，船上で復旧など4レベルに分けて評価する．これらから，目視検査では，水圧試験に比してリスクが4倍

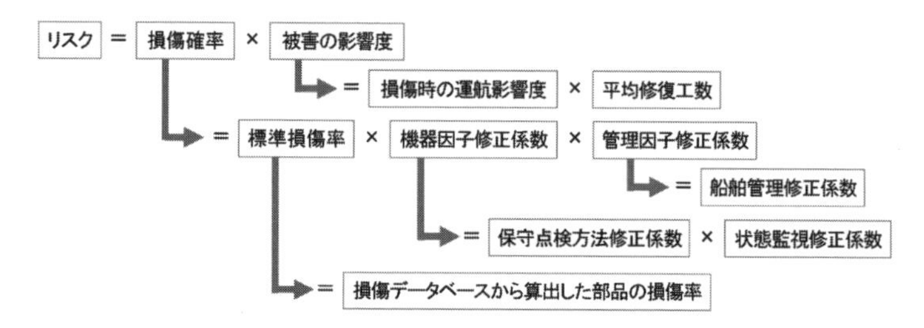

図5.24　船舶主機関におけるRBM・リスク評価の構成

表 5.5　保守点検時方法の修正係数

保守点検方法	係数
目視検査	4
歪計測，摩耗量計測，伸び量計測実施	3
非破壊検査(磁粉探傷，蛍光探傷，UT,X 線探傷)	2
水圧試験，圧力試験実施	1

表 5.6　損傷時の運行影響度

損傷時の運行状態	係数
運転不能(曳航)	4
減筒工事して航行(減筒運転)	3
負荷制限して続航(減速航行)	2
船上で復旧，正常運転	1

と想定されていること，運行不能で曳航が必要な状況は船上での修理に比して 4 倍のリスクとしていることが読み取れる．これらに基準を基に，検査毎にその結果に従ったリスク評価を行い，各部品の適性検査期間または検査の延長などが決定される．

下記参考文献では，［リスク］は［事故の確率］と［事故の影響度］の積と定義されているが，考える範囲が，経済的なリスクなのか，沈没等による人員の死亡などに関するリスクなのかは記述されていないが，表 5.6 から，前者の経済的リスクを考えていると推察される．

RIMAP では，回転機械などもスコープに上げているが事例は示されていない．ここで紹介したシステムは，回転機械に RBM を適用した世界初の例と思われる．成果をあげられたのは，

(1)　日本海事協会の有する豊富なデータを活用したこと，

(2)　ブレークダウンするレベルを部品，機器までとし，損傷発生場所までは扱わない，また損傷メカニズムまで詳細に検討を加えなかったこと，

が上げられる．(2) はデータ精度，煩雑さを考慮して解析レベルを決めたわけであるが，今後 RBM 導入を検討する際の一つに着眼点であろう．

5.9　適用事例⑨【鉄鋼設備】[29)]

鉄鋼設備について高経年化設備の重大トラブル防止，保全の適性化が求められている．日本鉄鋼協会設備部会が中心になって，各鉄鋼メーカが共有で

きるデータを基にRBMシステムを構築した．その際，HPIS Z-107TR (-1~-4) をガイドラインとして参照した．対象にした設備は製鋼工場（転炉，焼結設備，転炉副生ガス配管，発電用ボイラ設備の炉管，溶銑台車，溶鋼台車，鍋旋回装置など）でありZ107の基本思想や手法が適用できることがわかったが，一方で鉄鋼設備特有の複雑な損傷メカニズムもあるため，ガス腐食など鉄鋼に合った検討も必要である．ベイズ理論による事前予測確率の更新方法の活用し実施していく．鉄鋼設備ではもともと法定検査の対象機器は他プラントに比して少なく，自主検査の手法としてRBMがますます取り入れやすい状況にある．

5.10　適用事例⑩【コンクリート構造物】[30)]

コンクリート構造物は，社会資本構造物として膨大な容量を占めるが，もともと静的圧力設備を対象に開発されてきたRBM手法が適用できるか疑問であった．

以下の事例では，検査・メンテナンス計画でなく補修戦略を前提にしたRBM手法を開発し適用可能であることを示している．対象構造物は，100

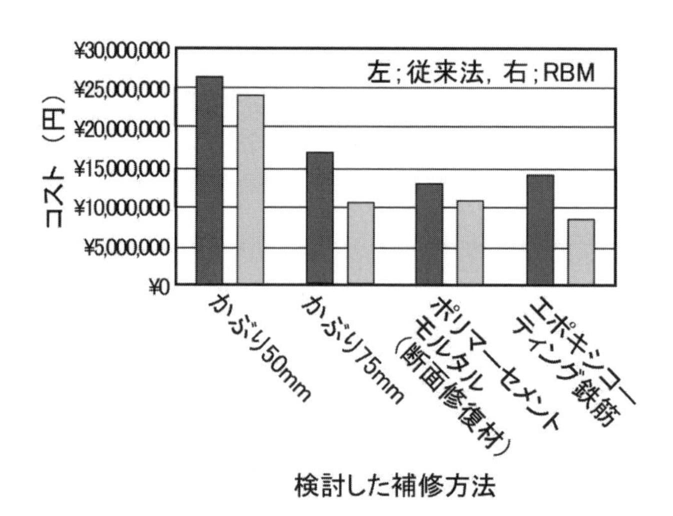

図5.25　コンクリート構造物のRBMを基準にした100年間のLCC

万トンドックのコンクリート擁壁である．（ドックの寸法は，高さ 14 m 幅 184 m 長さ 800 m である）

コンクリート構造物の損傷メカニズムと損傷モードは，鉄筋腐食が原因で断面剥離が生じ壁の表面が損傷するというものである．劣化度は土木学会が推奨する外観上のグレードを潜伏期，進展期，加速期，劣化期に分け，破損の起こりやすさは実際には目視で変状なし，表面ひび割れ 1 本程度，表面ひび割れ複数，断面剥離発生の 4 段階とした．被害の大きさは，損傷が生じた時の補修費用の大きさで決める．補修費用には，損傷面積，高さ，断面修復費用，足場，材料費，人件費などを含んでいる．コンクリートブロック毎のリスク評価の結果から補修の順位または重要度を含む 4 段階の対策を行う．また，補修方法を考慮してマルコフ連鎖モデルから得られる将来の劣化度と費用から 100 年間の LCC（ライフサイクルコスト）を計算している．その結果を図 5.25 に示す．いずれも RBM による評価と補修により長期的なコスト削減が図られる．

5.11 適用事例⑫【情報通信】

近年，黒電話から携帯電話による通話，パソコン通信からタブレット端末によるデータ通信に見かけ上は変遷しつつも，有線，無線を問わず情報通信サービスは，通話を始めインターネット等いつも「つなぐ」使命を負っている．そのために通信事業者は，全国津々浦々に信頼性の高い情報通信技術（Information and Communications Technology＝ICT）関連設備を設置，日夜それらの運用に努めている．

今回，大量の ICT 関連設備に係わるメンテナンスの効率化，例えば，将来的に設備のオールメンテナンスフリー化を目指すと同時に，既存設備のメンテナンスを RBI／RBM を駆使して，安全・安心・高信頼に実現していく必然性，有効性について述べる．

①　通信ネットワークにおける高信頼保守の実現

通信サービスは 1890 年（明治 23 年）に開始されて以来，技術革新とともに発展し，現在では高速通信が可能な光通信および移動体通信が主流である．日本のブロードバンドアクセスは，固定・移動の合計で1.5億契約に達している[31]．これらサービスを実現するために必須となる共通的基盤として情報通信インフラストラクチャー（以下，情報通信インフラ）がある．情報通信インフラは，電話であれば，電話をかける側（発信者）と相手側（着信側）を1本の電話線で結ぶために必要な設備群に該当し，安全・安心な通信サービスを実現するために，その維持管理には高いレベルでの信頼性が長期間求められている[32]．日常の通信サービス提供においては，通信断とならないよう，通信装置や伝送路の多重化，常時監視オペレーション等によるプロアクティブな高信頼保守を実現している．

② 屋外設置構造物設備保守の課題

一方で，情報通信インフラのうち，屋外に設置される構造物設備は，日本の社会資本と同様に，高度経済成長期（概ね1950年代から1970年代）に大量に敷設，現在では建設後約40年を経過し，老朽化の進展が問題となっている．国土交通省が所管の社会資本（道路，港湾，空港，公共賃貸住宅，下水道，都市公園，治水，海岸）を対象に平成42年（2030年）までの維持管理・更新費の推計を行った結果では投資可能総額が不足し，更改できなくなるとされている[33]．

主要通信事業者であるNTTグループにおいても大量の屋外設置構造物設備を保有している．表5.7によれば，例えば，電柱においては約1200万本を保有しており，日本国民の10人が1本を所有する計算になっている．管路とは地下のケーブル収容管のことであり，62万km（地球15週半分）を保有し，その他，とう道やマンホール等，いずれも膨大な量を保有している．これらの設備の新規建設は既に少なくなっており，既設設備を適切にメ

表5.7　NTTグループの主要な情報通信構造物設備と概数

電柱	1,200万本	日本国民の10人に1本
ケーブル	200万km	地球から月までの距離の5.3倍
管路	62万km	地球15周半
とう道	650km	東京の地下鉄路線の2.2倍 （東京→姫路，八戸）
マンホール	69万個	鉄蓋を横に並べると約530km

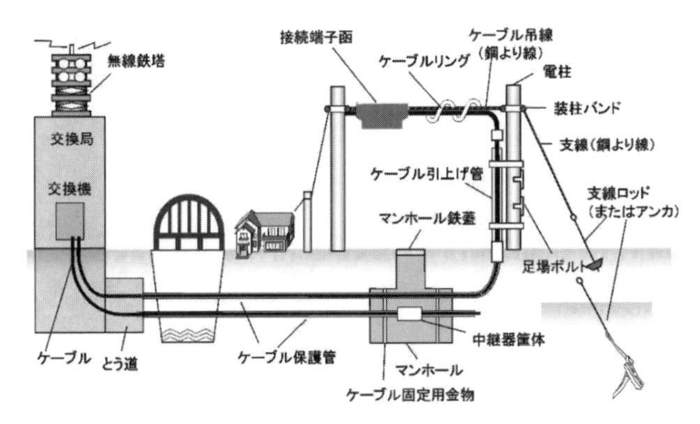

図 5.26 情報通信インフラストラクチャーのうち，屋外に設置される構造物設備の一例

ンテナンスすることによって有効に利用し続けることが望まれている．一例として，管路は，建設後 30 年を経過したものが全体の 50% を超えており，老朽化による不良率も建設後 30 年を経過すると増加傾向が顕著となり，老朽化対策が急務となっている[34,35]．このような状況は，その他の電柱，つり線，支線，金物類といった屋外に設置される構造物設備（図 5.26）についてもほぼ同様であることが想定される[36]．このような構造物設備の老朽化は，折損や破断といった重大な事故につながるおそれがあるため，安全・安心・信頼性を確保することが非常に重要になっている．おおまかに，図 5.27 にリスクマトリックスを示す．発生確率は低くても，被害影響が大きいものについては逐次対処している[37]．これまで，発生確率が高いリスクは回避しており，確率が比較的低く，影響度小のものが腐食等の経年劣化により，確率が上昇するリスクがあったことから（図 5.27：旧仕様鋼管柱），耐食性向上によるメンテナンスフリー化（新仕様鋼管柱）を進めている[38,39]．こういった取り組みは，点在する膨大な量の構造物設備の点検稼動（コスト）を削減しつつ，経年劣化を見込んでもリスクマトリックス上の「許容不可」には達しない効果を狙っている．今後，種々の設備個々のリスクマトリックス化，定量化が課題である．

膨大な量の ICT 関連設備の経済性を考慮した安全・安心・高信頼な運用

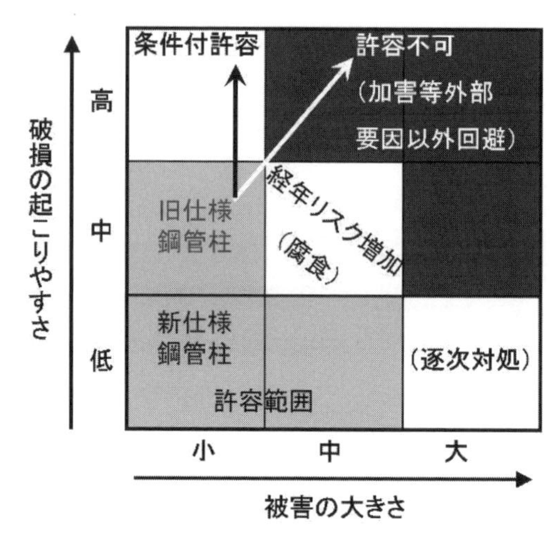

図5.27　RBI／RBMの適用イメージ
（情報通信インフラ屋外構造物設備の一部を例に）

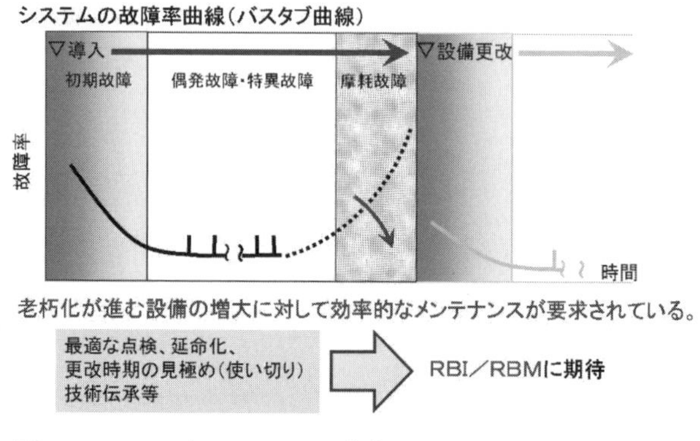

図5.28　RBI／RBMによる効率的なメンテナンスへの期待

には，リスク評価によるメンテナンスとしてRBI／RBM技術に期待する（図5.28）．特に，全国津々浦々に大量に設置される構造物設備については，点検不要なメンテナンスフリー化を基本としつつ，適用年数等の適切な見極めのよりどころとして，RBI／RBM技術の活用を考える．この観点からは，まだ途に就いたばかりだが，これまでもコストとクォリティをコントロールすべく必要な研究開発が継続して進められている．

5.12　適用事例⑪【インフラ構造物】

その他のインフラ構造物へのRBMあるいはリスクアセスメントの適用として，土木施設の補修，補強[40]，水力発電土木施設[41]，パイプライン[42]，鋼橋[43]などの例も見られる．

■ 5章文献 ■

1）関西電力HP, http：//www.kepco.co.jp/pressre/2002/0128-1_1j.html

2）小林英男監修，リスクベース工学の基礎，内田老鶴圃，2011-3

3）S. C. Choi, A Methodology of Risk-Based Inspection for Refinery and Petrochemical Plant, 1st Pipeline Maintenance Technology Workshop,（2006.11.10）

4）Tim McGhee, Saudi Aramco & Risk Based Inspection（RBI）, API RBI European Workshop, Milan,（October 22, 2008）

5）Wang Jifeng et al., Practical application of RBI and experiential analysis to sulfur recovery unit inspection, P. of the ASME PV&P Div. Conf. PVP2011-58079 July 17-21（2011）Maryland）

6）Shan-Tung Tu, Risk Assessment Practices in China, RBE-4th Int. Workshop on Risk-Based Engineering, Tokyo, Nov. 2008, p.88-113

7）Sang-Min Lee et al., Application of an Enhanced RBI Method for Petrochemical Equipment, J. of Pressure Vessel Technology, Vol.128,（2006.8）p.445-453

8）三笘，大野，小森，人間の判断をロジック化したメンテナンス・レビューの実力（1）および（2），Plant Engineer, 2008-8，p.2-7, p.8-12

9）松田宏康，日本学術振興会リスクベース設備管理第180委員会代20回研究会，2011-3.10

10）松田宏康，第169回腐食紡織シンポジウム，p.35,2011-1.11，h, Reliability analysis of fossil-fueled power plant, PVP-Vol.251, Reliability and Risk in Pressure Vessel and Piping,（1993）

12）富士，木原他，石川島播磨技報，vol.41, No.3,2002-5

13）関西電力，第113回信頼性工学部門委員会資料，2006-9，または関西電力HP, http：//www.kepco.co.jp/pressre/2002/0128-1_1j.html

14）弥富，富士，齋藤，吉田，RBMによる長期的なメンテナンス最適化を目指したライフサイクルメンテナンス手法，圧力技術，Vol.44，No.1,2006-1，p.38-46

15）松本 他，火力発電プラント保守計画最適化支援システム（FREEDOM）の開発，三菱重工技報，Vol.41, No.1（2004.1）p.14

16）藤山　他，蒸気タービンのリスクベースメンテナンス技術，火力原子力発電，Vol.54，No.5,2003-5，p.21-28

17）桜井茂雄，火力蒸気タービンへの適用事例（ファイナンス理論適用RBM）圧力技術，Vol. 45, No.5,2007，p308-312

18) Tan Kah Chay, D.Worswick, R.J. Browne, Extension of Boiler Inspection Interval to Improve Power Plant Availability, Power-GEN Asia, Malaysia, Sept. 2001
19) Bum-Shin Kim, Current Status of RBM Application in Korean Fossil Power Industry, RBE-5 5th International Workshop on Risk-Based Engineering Beijing, 2010-11
20) Fujun Liu et al., Research and Application of Risk Assessment Methodology for Power Station Boiler Superheater, J. of Pressure Vessel Technology, Vol.133, 2011-8, p.041602-1~10
21) 柴崎 他, 備蓄タンクのグローバル診断技術の開発 第2報石油タンクのRBI, 圧力技術, Vol. 46, No.2, 2008, p.37-48
22) J. Takahashi, A. Fuji et al., 14th International Conference of LNG, LNG-14, Doha, 2004 March
23) KEPCO, Application of RBM to Himeji LNG receiving Terminal and the effectiveness in maintenance cost reduction, LNG-14, Doha, 2004
24) 都市ガス事業の保安に関するリスクマネジメントの概要, HPI第50回RBM委員会講演資料, 2011-3
25) 酒井信介, ガス保安リスクマネジメントシステム, Gas Epoch, Vol.72, 2011 Winter, p.4
26) 関田隆一, 宇宙開発設備へリスクベースメンテナンスを導入する手法の調査・研究について, 第9回HPI技術セミナー, リスクベースメンテナンスの新しい展開, 東京, 2011-9
27) 富士, 弥富, 馬場, リスクベースメンテナンスの適用 1. 大型荷役機械（アンローダ）の場合, Jitsu・Ten, 2006-3, p.53-60
28) 椎原 他, 開発した世界発となる舶用機関・機器を含めた回転機械のRBMシステムの概要, 平成20年日本船舶海洋工学会講演会論文集, 2008-5
29) 日本鉄鋼協会設備部会, リスクアセスメント手法による設備管理方法, 日本鉄鋼協会技術部会技術開発型（B型）研究会最終報告会/シンポジウム資料, 2011-8.4, 東京
30) 戸田, 富士, 宇治, リスクベースメンテナンスによるコンクリートドックのメンテナンス最適化, 材料, Vol.59, No.3, 2010, p.243-249
31) http://www.ntt.co.jp/ir/library/annual/index.html（NTTアニュアルレポート）等
32) 例えば, 土肥幹夫, プロアクティブとワンストップを基軸に, 高信頼保守サービスの提供に注力, ビジネスコミュニケーション, 45, [11], 2008, p.38
33) 平成17年版国土交通白書, 国土交通省, 2009, p.79
34) 飯田敏昭, 安心・安全なコミュニケーションをささえる通信基盤設備マネジメント技術, NTT技術ジャーナル, 21, [3], 2009, p.14
35) 山崎泰司, 是國亨, 谷島章彦, 森屋高男, 山下宏幸, 稲村俊郎, 秋山武士, 管路設備の有効活用を図るケーブル収容管再生技術, NTT技術ジャーナル, 21, [8], 2009, p.70
36) 澤田孝, 竹下幸俊, 齋藤博之, 東康弘, 阪田晴三, 半田隆夫, 電気通信用構造物設備の環境適合と高信頼化の取り組み, NTT技術ジャーナル, 21, [8], 2009, p.27
37) 例えば, NTT東日本 技術協力センタ編, 現場で役立つ通信設備のトラブルQ＆A 改訂版, 電気通信協会, 2011
38) Takao Handa and Hisayoshi Takazawa, Corrosion Resistance of Galvanized Steel with A Saturated Polyester Powder Coating in A Severely Corrosive Coastal Area, Electrochemical Society Proceedings Vol. 97-41, No.37, 1997
39) 半田隆夫, 高沢壽佳, 飽和ポリエステル樹脂粉体塗装の屋外通信設備の防食への適用, 防錆管理, 41, [5], 1997, p.1
40) 畑 他, リスクを考慮した土木施設の補修・補強戦略の方法論, 大成建設技術センター報 第

40巻，2007
41）松田，水力発電土木施設のリスクアセスメント，こうえいフォーラム第14号，2006-1，p.1-6
42）吉川，パイプラインのRBM，配管技術，2006-10，p.14-20
43）H. Kihara, Systematic approach toward minimum maintenance risk management methods for weathering steel infrastructures, Corrosion Science, No.49, 2007, p.112-119

6 Q & A

Q1.

RBMを実施するメリットは何ですか？

A1.

プラント，設備，機器の信頼性および安全性の向上とメンテナンス費用の低減を兼ね備えることがRBI/RBMを実施する最大のメリットといえます．RBI/RBMは，プラント，設備，機器全体でリスクがある一定の許容範囲に入るようにする方法です．リスクの高い部位のリスクを低減することによって稼働率を向上させ，リスクの低い部位での検査を省略するなどによって，安全で効率的な運転が可能になります．その結果，突然の故障や計画外停止が減少し，定期検査周期を延長することにより，検査の軽減を含めたメンテナンスコストを低減することが期待されます．

また，RBI/RBM手法は，コンピューターソフト化することによって，プラント，設備，機器の設計データと各種メンテナンスデータの一元管理が容易になるとともに，熟練技術者に頼っていたメンテナンス計画やその運用をその技術者に代わって実施することが可能になります．これまで産業を支えてきた高い能力を持ち，過去のトラブルから多くの知見を蓄えた経験豊富な設備管理技術者が長年にわたって蓄積してきた設備管理技術を継承する手段としても利用できます．

さらに，リスクという指標により，運転，保全，設備管理，経営，経理など多くの関係者が共通の認識をもつことができ，プラント，設備，機器の維持補修の意思決定やライフサイクルコストの管理基準を明確に示すことができます．

最終的にメンテナンスの中核を担っていた熟練技術者を減らすことが可能になり，長期的にはメンテナンス要員の削減による大幅コストダウンを可能にすると考えられます．

一方で，RBI/RBM 導入時に初期投資が必要となる場合がありますが，その他に大きなデメリットはありません．

Q2.

メリットを事前に提示できますか？

A2.

RBI/RBM は，検査およびメンテナンス計画の最適化であり，設備の維持運用における健全性（信頼性）と経済性を同時に満足することです．そのメリットはいろいろありますが，事前に提示するにはどこに注目して実施するか？　その目的を明確にする必要があります．

導入のメリットとして期待される効果には，①設備の運用，運転における健全性の向上．②リスクレベルによる機器，部材の管理の明確化．③メンテナンス予算の最適化とその根拠の明確化．④稼働率の向上と定期検査周期の延長．⑤経験豊富な設備管理要員からの技術伝承の容易化などがあります．これらの効果によるコスト低減を目標とするとともに，単独の効果に対して明確な目標を持った取り組みにより，メリットの事前評価が可能になります．

Q3.

本当に効果（費用に見合う効果）があるのですか？　一つのプラントで実施するとき，いくら位かかるのですが？（例示でもいいので，具体的な数字が知りたい）

A3.

RBI/RBM の作業はほとんどが人件費になります．例えば，事業用火力発電ボイラにおける診断部位は 600〜800 点ほどあります．そのデータベースを作成するだけで，当初は相当の手間がかかります．また，設計データや検査・補修の記録の調査，運転履歴データの収集なども必要になります．したがって，どのように RBI/RBM を進めるかの手順の決定や，必要なデータがそろっているかどうかなどの状況によって費用は異なります．

RBI/RBM システムを導入する段階では費用はかかりますが，前述のメリットによる効果があること，また一度導入すると以降の管理が簡単になることや，ベテランの技術者に頼ってきたメンテナンス作業のアウトソーシングを進めることができ，メンテナンス人員を削減できること，などから長期的なコスト効果は非常に大きくなると考えられます.

具体的な導入事例としては，次のような事例があります．火力発電所の設備において，RBMをとり入れた新保全計画策定システムを開発し，試験的に4ヶ所の発電所設備の定期点検に適用しました．その結果，従来かかっていたコストを50%程度削減できる見通しを得たため，全火力発電所の定期点検に展開することを決めた電力会社の事例があります.

また，石油精製の企業では，RBI/RBMを導入するためのコンサルティングに2億9千万円の費用をかけました．その結果，保全費用を214億円から58億円に削減でき，設備保守のために開放点検する機器数を40%減少させることができた事例があります.

繰り返しになりますが，実際にかかる費用はプラントの規模や導入時点において必要な情報がどの程度整っているかによって大きく異なります．しかし，RBI/RBMシステムを導入することにより，長期的には費用に見合う効果を期待することができるでしょう.

Q4.

RBI/RBMを実施するうえで，留意すべきことは何ですか？

A4.

専門家やユーザが納得する手法を用いることです．RBI/RBMは，従来専門家が判断してきた事柄を共通の基準によって行うものであり，特定の人が行うと偏った評価になる恐れがあります．また，公表されている評価指針に対する裏付け情報が少なく，その信頼性が明らかでない場合があります．さらに，公表されている情報を評価対象機器に適用するときに修正を伴う場合に，その修正方法が不明な場合があります．したがって，関係者の合意のもとで評価を進めていくとともに，誤った判断に気づき，修正できる仕組みをつくる必要があります.

また，評価に当たっては，過去の運転履歴や損傷事例など可能な限り多くのデータを収集することにより，評価の精度を向上させることができます．

Q5.

API の RBI/RBM と ASME の RBI/RBM の違いは何ですか？　また他にどんな RBI/RBM があるのですか？　今後どのような方向に進むと考えられますか？

A5.

API（米国石油学会）と ASME（米国機械学会）の違いは，両学会が発行している API-RP581， ASME PCC-3 などに代表されるガイドラインの違いです．「リスク ＝ 破損の起こりやすさ × 被害の大きさ」の定義はすべてに共通です．その実施方法については，API-RP 581 では，具体的にリスク査定ができるような方法を紹介しています．これに対して，ASME PCC-3 ではリスク評価の考え方を述べています．ASME PPC-3 は API-RP580 と同じ，RBI/RBM を実施するときの考え方や注意すべきことを述べています．欧州では RIMAP，日本では HPIS Z106 がありますが，これは API-RP-580 および ASME PCC-3 に対応するものです．日本の HPIS Z107TR は API-581 に対応します．

Q6.

RBM のソフトウェアはどのようなものがありますか？それは容易に入手できますか？

A6.

欧米のコンサティング会社（TWI，TUV，DNV など）が独自のソフトウェアを提供しています．API も API-581 のソフトウェアを提供していますが，これはユーザ会へ入る必要があり非常に高額です．
日本でも最近，HPIS　Z-107 に準拠したソフトウェアが開発されつつあります．やはり，RBM を実施するには，独自でソフトウェアを構築するか市販のソフトを使うことを推奨します．

Q7.

RBI と RBM の違いは何ですか？

A7.

RBI は検査計画をたてることを目的にしています．RBM は，検査・メンテナンス（補修，取替えなどを含む）を意味しており幅広い保全を対象にしています．

Q8.

海外（とくに米国）が先行していて，日本は後追いのような気がします．日本では独自の RBI/RBM ができているのですか？　その場合，誰（どこ）がどのようにして策定しているのですか？

A8.

欧米では RBI/RBM 手法を含んだメンテナンスに関する基準の整備が進んでいます．歴史的に見ると日本では，どんな分野の規格，基準もやはり後追いになっています．ただし，より良い基準，日本独自の基準を目指しています．日本高圧力技術協会（HPI）では，API，ASME，RIMAP などを勉強し，API を基本した日本の規格を出版しています．（HPIS　Z-106，HPIS　Z-107-TR　1～4）この規格では API を参考にしましたが，日本国内のデータや考え方も織り込みました．

Q9.

欧米のみならず韓国や中国でも RBM をとり入れているとのことですが，国内の導入に関する障害は何ですか？今後どのように克服すべきですか？

A9.

確かに韓国や中国は国家的な方針として RBM を導入しています．着手は日本より遅れましたが，規格化や基準化は早いようです．日本でも障害は無いと思われますが，一方で日本国内では“リスク”という概念がなかなか定着しないようです．しかし，日本独自の規格もできましたので，これから普及するものと考えられます．

Q10.

RBI/RBM の課題や問題は何ですか？

A10.

多種多様な設備に対し公平に評価するには，リスク評価について共通の基準が必要と考えられます．国内では HPI 規格が発行されたとはいえ，API581 は世界的に普及した共通の手順といえます．しかし，その方法を忠実に実施するためには多くの費用と実施する要員が必要になります．RBI/RBM を実際に行う場合，データベースの作成などに相当の時間を要します．作業の簡略化や使いやすいツールやソフトの構築も必要になります．

Q11.

RBM の考え方はすべての設備に展開できますか？

A11.

基本的には全ての設備に展開できると考えられています．しかし，例えば回転機械のように経時的な劣化・損傷の情報を十分つかめず突然損傷が現れるような機器では難しいと言われています．何故なら，使用されている部品の数が膨大なのとそれぞれの部品の使用環境と使用材料の組合せが異なっているため，機器全体としての故障を予測するためには，全ての部品の劣化の情報が入手できないと設備全体としての故障予測が難しいと言えます．従って，現在では劣化・損傷の経験が豊富にある固定機器や圧力設備（圧力容器や配管）に限られています．また，検査記録が少ない機器，例えば長年開放しないような貯蔵設備では現在の損傷状態が把握できず，経験も少ないため正確なリスクを決めることができません．しかし将来研究や情報収集が進み，経時的な劣化・損傷の情報を得ることが出来れば展開することが可能になると思います．

Q12.

RBI/RBM の適用に向いている設備とそうでない設備の見分け方はありますか？　実施すべき設備，すべきでない設備は，明確に外部から評価できますか？

A12

リスクの考え方を用いるとどのような設備・機械装置にも適用できるはずです．RBI/RBM はその機器の損傷メカニズムに注目して行いますので，いかに過去の損傷事例や検査記録が揃っているかがカギになります．従って回転機械のように経時的な劣化・損傷の情報を十分つかめず突然損傷が現れるような機器や，開放点検をほとんどしないため検査の記録がない，すなわちその部位がどのような損傷状態になっているかわからない貯蔵設備などは，RBI/RBM の適用は難しいでしょう．しかし，現在では各種のシミュレーション技術やモニタリング技術が進歩して来ており，これらの技術を使うことにより多くの現象を推定することが可能になっています．そのような方法を用いて今後はリスク評価をすることができると思われます．

Q13.

対象プラントの管理技術の巧拙によって，RBI/RBM の結果はどのように異なってきますか？

A13.

プラントの管理には，大きく分けて運転管理と設備管理があると思います．これらに関する技術の巧拙は，RBI/RBM 法のリスク評価に当然影響します．ある意味では，対象プラントにおける管理技術の巧拙が，リスクを決める全てとも言えます．運転管理技術の巧拙は，設備の寿命消費に影響し，場合によっては極端に設備寿命を縮めることがあります．設備管理技術では，検査技術の巧拙は破損の起きやすさを決める最大の因子です．補修技術の巧拙は設備の健全性そのものであり，検査などの記録の正確さは，余寿命推定の精度を決めるものです．人材は直接リスク評価項目に入らないと思いますが，すべての技術の源となるもので，専門家の蓄積した知識や経験を集約する RBI/RBM 法では，人材も RBI/RBM 法適用の巧拙を決めるものとなると言えます．

Q14.

ベイズの定理を簡単に言うとどういうことですか？また，それを使うと何がメリットですか？

A14.

ベイズの定理とは簡単に言うと「原因の確率」を示す定理です．すなわち，ある結果が起きたときにその原因が何であったか，その確率（逆確率とも呼ばれます）を示す定理です．一回（あるいは複数回）の検査から得られたデータから，そのデータが得られた原因すなわち「現在の構造の状態」を確率的に示すことが可能であり，メンテナンスから今後の意志決定を行うために便利な手法となります．従来の標本統計学では，このようなことを行う場合，事前に「各構造の状態におけるデータの確率分布」を用意しておき，得られたデータがその分布に従っているかの統計的な検定でこの確率的評価を行ってきました．ベイズ統計を用いた場合はそのデータなりに確率的に評価することが可能となります．RBM 以外でも近年では電子メールのスパムフィルタなどにも応用されており，多くの分野でその活用が進められています．本書の 3.4 で解説しています．

Q15.

検査有効度とは簡単にいうと何ですか？ RBM の中でどのように使われますか？

A15.

検査有効度とは，行った検査がどの精度かをレベル分けする指標になります．例えば，精度の悪い検査を複数回行って平均をとる場合と，精度の高い検査を 1 回行う場合のどちらが良いか．それはその精度の悪さの程度により異なると考えられますが，例えば Z107 では，減肉に対するそれぞれの検査の精度を下表 6.1 のように定義し，それぞれの検査精度から考えられる予測値と真値のずれから破損確率を計算しています．検査精度，回数によって予測した「現在の構造の状態」の精度が変わりますので，同じ予測結果でも破損確率すなわちリスクが異なってきます．API581 では前述のベイズの定理を用いて，各検査精度，検査回数毎の予測のずれを評価し，テーブル化して利用しています．

表 6.1　検査有効度のランク

実際の損傷速度のレンジ	Highly	Usually	Fairly	Poorly	Ineffective
計測値以下	0.9	0.7	0.5	0.4	0.33
計測値の2倍まで	0.09	0.2	0.3	0.33	0.33
計測値の4倍まで	0.01	0.1	0.2	0.27	0.33

Q16.

被害の大きさは，石油化学プラントや火力発電設備などプラントの規模や目的によって異なると思いますが，評価の際どのようなことが必要ですか？

A16.

石油化学プラントは，毒性，可燃性，環境汚染性の液体を扱うので，破損によって漏洩した流体の影響が，プラント設備の周辺設備，周辺住民におよぶ度合いが被害の大きさを決める最大の因子になります．被害の大きさは，機器の損傷によって開く孔の大きさから，漏洩流体の影響がどの位の面積に及ぶかなどによって決まります．一方，火力発電設備では内部流体が水および蒸気で，毒性や環境汚染性をもたないため，被害の大きさの評価は比較的単純であるといえます．また，人的被害より経済的被害の方が深刻な場合が多く，破損によってプラントが停止した時の操業損失が経済的被害の主なものとなります．無論，破損の形態によって異なる応急補修費，周辺機器の補修費，足場などの工事費なども考慮に入れなければなりません．ただし，定性，半定量評価では，被害の大きさもレベル分けであり，詳細な費用の計算を行うのではなく，経験者が数百万円か数千万円か数億円かなどを判断します．また，被害の大きさは設備の規模を考慮した相対的な指標ですので，相対値算出の基準を決めておくことが必要です．

Q17.

化学プロセスの安全性を評価する方法として HAZOP があるようですが，HAZOP とは何ですか？

A17.

HAZOP（Hazard and Operability Studies）手法は，1960 年代，英国 ICI

社が，自社開発の新規化学プロセスを対象として，潜在危険性をもれなく洗い出し，それらの影響・結果を評価し，必要な安全対策を講ずることを目的として開発されたプロセス危険性の特定手法です．1970年代に英国の化学産業協会（CIA）からHAZOPガイドラインが発行されたことにより1980年代以降世界的に普及しはじめました．1990年代にはいると，欧米はもとより中南米，アフリカ，中近東，東南アジア，極東，さらにはわが国でも，化学プラントの設計・建設段階における安全性評価の代表的な方法として採用されるとともに，プラントの安全管理システムにおける安全性評価の一手法となりました．HAZOPの手法は，プロセスパラメータの目標値（目標状態）からのずれを想定し，そのずれの起こる原因と発生する危険事象を解析し，さらにその原因から危険事象に進展するのを防護する機能を評価し，対策を検討するというものです．目標値からのずれを想定するために，「ガイドワード：No, More, Less等が定義されている」を用いるのが一般的である． 化学プラントの安全性を評価するために開発されたという経緯があり，設計意図通りにシステムが運行されている，つまり目標からのずれがない限り，安全が保たれるという思想が基本にある．HAZOPとRBI/RBMの違いは，RBI/RBMは設備に発生する故障に起因した影響を評価するに対して，HAZOPは設備に発生する故障に加えてヒューマンエラーを加えて評価している点です．HAZOP手法の方が，実際のプラントの故障発生の実態に近いと言える．

Q18.

RCM（Reliability Centered Maintenance，信頼性重視メンテナンス）とRBMの違いは何ですか？

A18.

RCMは保全方法の中で，損傷が想定される機器・部位に最適な保全方法は何かを決める手法の一つです．手法としては，設備を機能展開し，定められた機能維持ランクにより機能維持するためにはどのような対策を実施するかを決めて行きます．RCMの適用として有名なのは，飛行機の設計が上げられます．RCMの特徴から石油化学プラントへの適用例も報告されています．RBI/RBM がリスクを評価するのに比べて，RCM は損傷が起きないようにするための保全方法を追求するという点で異なっていますが，両者の組合せでよりよいメンテナンス計画が作れると思われます．

Q19.

誤作動やヒューマンエラーなども損傷・不具合の原因になると思いますが，RBI/RBM の中ではどのように評価しますか？

A19.

RBI/RBM では，ヒューマンエラーは考慮していません．基本的に機器が経年的に使用されるに従って生じる劣化を扱います．検査やメンテナンスによるリスクを評価しているわけです．運転におけるヒューマンエラーなどは HAZOP などで評価します．ただし，検査の技量や検査ミスは検査の効果の中で，誤操作による運転条件（温度や圧力）の変化は破損の起こりやすさの要因として扱います．

Q20.

テクニカルモジュールとは　国内独自のものがありますか？

A20.

国内独自のテクニカルモジュールが検討されています．（日本学術振興会リスクベース設備管理第 180 委員会）

Q21.

国内で RBI/RBM がこれから盛んになりますか？また，その理由も教えてください．

A21.

メンテナンスに関連する社会情勢の変化とそれにともなうニーズの変化が進んでいます．このニーズに応えるものとして RBI/RBM に期待が集まっており，背景を要約すると以下のようになります．

1）設備の老朽化が進み，寿命延伸が求められている中で，競争の激化から，メンテナンスの効率化を強く求められるようになった．

2）規制緩和によって，各種プラントにおける定期検査が法定から自主検査に移行しつつあり，効率的な自主基準が必要となった．

3）リスクを基準にして，各部位に対するメンテナンスの重要度，緊急度を評価し，優先順位を付けてメンテナンスを行う方法は，これらのニーズに合致する．

4）メンテナンスに関係する技術者の高齢化が進み，ベテラン技術者に代わってメンテナンス計画を作成するための基準およびシステム構築へのニーズが高まっており，定量的でシステム化（ソフト化）しやすい RBI/RBM 手法に期待が集まっている．

5）日本国内の規格（日本高圧力技術協会　HPIS Z106，Z107TR-1～4）が発行されたことも一つの理由です．さらに，HPIS Z107TR のソフトウェアの構築も進んでいます．

7 将来展望（近未来に向けた検討課題）

7.1 リスクベースメンテナンスを必要とする日本化学工業界の背景

設備・プラント，構造物など(以下，設備)の維持管理として用いられてきた「メンテナンス」は，対象設備を効率的かつ安全に運転でき，加えて可能な限りの長寿命化が望める手段・手法として長年適用されてきた．現実は，対象とした設備の規制法規，例えば高圧ガスを扱う機器・配管などを対象とした「高圧ガス保安法」では，“機器・配管などが解放点検中に安全であることを確認する”とのみ記載があり，その詳細手段は規制監督機関（自治体の保安課，など）に任されている．具体的には，自治体保安課から実際業務の委託を受けた検査機関が過去の例を基に，全ての機器が検査対象となり，その危険性・重要性は平均化されており，多くの検査時間や数多い書面提出が要求されてきた．この種の規制法規は戦後の高度経済成長を迎えた時期に「高圧ガス規制法」として制定され，高圧ガスを扱う化学プラントは“法規に則って設計・運転・メンテナンスされていれば安全な運転ができる”とされてきた．実際には，予想されていなかった事故が起きた場合の“免罪符”でもあった．高度経済成長を経験し，世界トップの工業立国となった我が国においては，欧米並みの「自己責任体制」を企業も受け止める必要があるとの認識のもと，「高圧ガス規制法」は「高圧ガス保安法」となり，法規通りの設計・運転していても，事故を起こせば全てが自己責任であるという考えが浸透してきた．加えて，現在でも各種プラントの事故は“起きないこと”を前提に運転する“ゼロ災”の思想が強く社会に行きわたっていることも事実である．

2011年3月11日の大震災での各種プラントの事故に対し，“想定外の事故”であるとの言葉が新聞，テレビで賑わった．経験・実績の少ない環境下では“予想外の事故”まで推測するのは難しいが，経験や実績を多く培ったプラントではその安全性をつぶさに検討することは可能である．対象設備の起こり得る事故，例えば化学プラントでの内部流体リーク事故の原因となる材料損傷に限ってみると，内部流体のリーク事故に直接繋がる材料損傷を推測することができ，過去の運転実績からその損傷の起こる確率を数値化できる．リーク事故が企業に与える損害(影響)から，損傷の危険度をランク付けし，企業が受け入れ可能(仮に事故が起きても，企業としての社会的に責任ある対応が可能)なランクになるよう運転・管理を実行することが，リスクベースメンテナンス（以下，RBM）の基本的な考え方である．しかし，リスク管理として「リスクがゼロ」と言う考えはなく，“ゼロ災”の思想はない．現実の経験から，化学プラントなどの設備を“事故ゼロ”，すなわち“ゼロ災”として運転することが如何に難しいかを，事実として理解する必要がある．つまり，設備を保有する企業が社会環境（居住者の健康と安全，環境保全）を守る（この思想を欧米メジャーオイルではHSE（Health, Safety and Environment）として扱われている）最低限のリスク（この分野ではacceptable riskと言う）を企業側が明確化する必要がある．

7.2　RBMの定義とその目標

RBMに使われている「リスク」には多くの方言があり，京都大学の木下富雄名誉教授によると，常識概念としては1) 危険なもの，恐ろしいもので，先方から降りかかってくる迷惑な概念と，2) “絶壁の間を縫って航海する”というriskの語源であるrisicareから「危険をあえて冒す，冒険とかチャレンジという能動的な動き」がある，としている[1)]．加えて，学問的定義としては，生命の安全や健康，資産や環境に，危険や傷害など望ましくない事象を発生させる確率であり，一番よく使われている定義としてはAPI580にも定義されている下式としている．

リスク＝(災害発生の確率)×(災害が発生した場合の障害の大きさ)

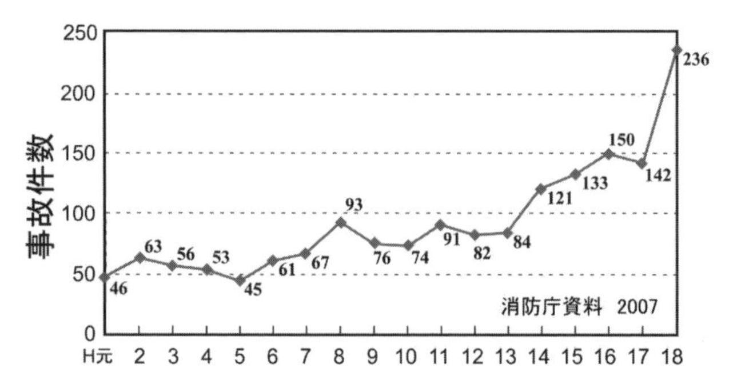

図7.1　高圧ガス保安法規制対象の機器・構造物の事故統計

さらに，統制可能性の有無による定義として，3)地震による災害はリスクであるが，地震発生はリスクではない，と述べられている．東日本大震災での損害，近未来に起こるとされている南海トラフ沖地震や他の地震災害に関しては，リスク管理思想での検討が必要と思われる．

では，日本工業界において何故，今RBMが必要なのか．図7.1[2)]に近年の日本工業界での産業事故の年代別変化を示す．何故か21世紀以降に産業事故急増の傾向が認められる．その要因をみると，技術よりも人的要因，しかも同じ事故の繰り返しが多い．すなわち，高経年化を迎えている化学プラントに向けたメンテナンスで，熟練メンテナンス技術者の定年や転籍，技術伝承・人材育成不足，材料損傷や産業事故などの情報共有不足，などが主因子と考えられている．このような環境下に日本より10数年前から置かれてきた欧米の化学プラント業界では，図7.2[3)]に示すように日本と同じ背景から，事故の起きやすさに関するリスクの多くは，プラントの限られた機器・配管などに集中することから，リスクの大きい機器・配管について集中的にメンテナンスを実行することにより，より大きな安全性が得られる，としている．米国の例ではあるが，2000基近くの機器を有する大型エチレンプラントへのRBM適用において，起こり得る材料損傷の90%が6%の機器に集中しており，結果としてその6%の機器への検査を重点化し，より確実なプラント安全性が得られるとともに，大きな経済効果がRBMを適用することにより得られている．一部ではあるが，日本でも適用されているが，その殆

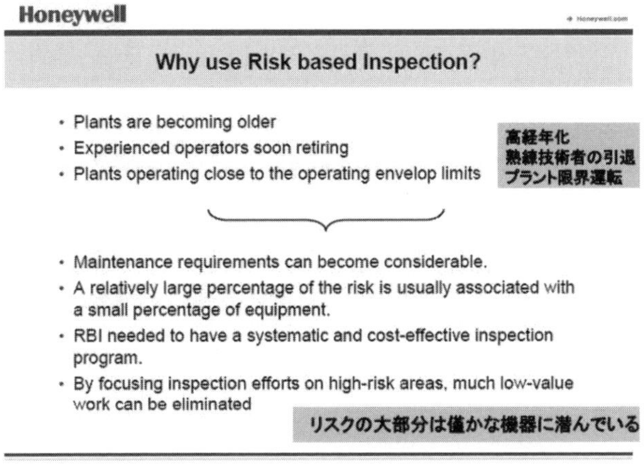

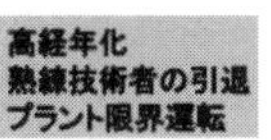

図 7.2 世界的企業の考えている RBI の必要性

どがメンテナンス期間の延長の一助として使われている現状とは大きな違いがある.

このように, 21 世紀を迎えての産業事故増加, 設備の高経年化, 熟練メンテナンス技術者の減少と技術伝承不足, 要は“暗黙知”の“形式知”化に問題を抱えている日本化学工業界には, 安全・安心社会構築への RBM 適用は, 待ったなしの状況にある.

7.3 RBM 適用の社会環境 ―ニーズと障害―

21 世紀を迎えて急増傾向にある産業事故防止に対し, 安全・安心の手段としてリスク管理を上手く適用してできる限りの事故防止を志している. プラントの安全確保には多くの因子が関わっており, 化学プラントを安全に効率よく運転するための考え方として PSM (Process Safety Management) という考え方が広く使われている. PSM はプラントの安全・安心を 14 因子に分割して提言しており, その一つ一つはその企業に考え方で若干異なる場合がある. 欧米と日本で使われている 14 因子の例を表 7.1[4] に示すが, プラントの安全・安心は単に技術面ではなく, 企業マネージメントや社会環境に

表7.1　PSMの14因子

米国の例	日本の例
Process Safety Information	プロセスハザード分析
Process Hazards Analysis	監査
Operating Procedures and Safe Practices	従業員の参加
Management of Technology Change	プロセス安全情報
Quality Assurance	作業標準
Prestart-Up Safety Previews	教育訓練
Mechanical Integrity	協力会社
Management of “Subtle Changes”	運転開始前安全レビュー
Training and Performance	機器の健全性
Contractors	火気使用許可
Incident Investigation	事故調査
Management of Personnel Change	緊急時対応計画
Emergency Planning Response	変更管理
Auditing	取引上の秘密事項

（順不同）

密接に係わっている．ここで述べられているRBI（Risk Based Inspection）はMechanical Integrity（日本では，機器の健全性）の一つの手段として位置付けされており，RBIやRBMはあくまでプラントの安全・安心を得る手段の一つであり，RBIやRBMを実施すれば産業事故が安全に防止できる手段ではない．

一方，国内においてはプラントの安全・安心に関し多くの規制法規が定められており，現時点ではRBM適用が法的に認められていないので，現状でRBM適用を考えると，通常メンテナンス業務にRBMが追加業務になってしまう．加えて，国内でメンテナンス業務に長年携わってきた熟練技術者は，RBMと同じ考え（各機器・配管の危険度ランキング）に沿ってメンテナンスを実行してきた経緯があり，RBMのメリットが明確化せず，経営陣にもRBMのメリットを理解させる難しさがあった．

しかし，21世紀以降の産業事故増加の要因として，熟練技術者不足，情報共有化不足，技術伝承不足，2007年(2012年)問題などが強調され，その解決が必須の状況下ではRBMは重要な手段となってきている．

さらには，新たな考えとして「リスク転嫁」への取り組みも重要である．

リスク管理においてリスクがゼロという考えはなく，設備において災害が絶対起きてはいけないとする“ゼロ災”の考えをとり除く必要がある．しかし，プラントオーナーとしては社会への安全・安心（欧米の HSE）を担保する，企業としての最低受入れ基準（acceptable risk）を設定し，そのリスク転嫁を明確にする必要がある．その代表例が保険担保であるが，国内では RBM 適用時の保険適用は何らなされておらず，リスクマネージメントとして今後の重要な検討課題でもある．

7.4　今後の活動への提言

日本工業界のプラントに関する安全・安心への取組みとその問題点について，産業事故発生の背景と共に，日本より 10 年以上以前から同様の問題に直面してきた欧米化学産業の取組み方，現時点での国内 RBM 適用の難しさ，などを紹介した．

日本学術振興会，リスクベース設備管理第 180 委員会として，過去 5 年間（2007～2011）の活動が第 1 ステップとして終了し，2012 年度からの 5 年間の新たな活動において，以下に示す将来展望としての題目の検討が RBM を日本国内に根付かせるためにも必要である．その詳細は，本委員会の第 2 ステップの活動の中で具体化して実行することが重要と思われる．

・施設の安全・安心に係る国内法規における「リスク管理」の考え方の導入
・第 2 章でも述べられている RBM 遂行のための関連法規（FFS，HAZOP など）の整備
・材料損傷，産業事故などのデータベース化
・国内独自の RBM 遂行に係る諸因子（damage factor，など）の RBM 関連ソフトの構築
・諸外国（特に中国，韓国など近隣諸国）との連携強化
・リスク転嫁手段としての保険の取扱い

■ ７章文献 ■

1）木下富雄，日本機械学会，標準事業特別講演会，2005
2）消防庁特殊災害室資料，2007
3）私信，Honeywell Corrosion Solusions, Honeywell International Inc., 2013
4）私信，松田宏康氏，2013

索　引 (五十音順)

あ行

か行

さ行

た行

な行

は行

ま行

や行

ら行

わ行

A

B

C

D

E

F

H

I

K

L

M

N

P

Q

R

S

T

Z

JCOPY <（社）出版者著作権管理機構 委託出版物>

2017

2017年3月31日　第1版第1刷発行

リスクベース
メンテナンス入門
－RBM－

著者との申
し合せによ
り検印省略

著作者　日本学術振興会
産学連携第180委員会
「リスクベース設備管理」
テキスト編集分科会

発行者　株式会社　養賢堂
代表者　及川　清

印刷者　株式会社　真興社
責任者　福田真太郎

定価（本体3000円＋税）

〒113-0033 東京都文京区本郷5丁目30番15号

発行所　株式会社 養賢堂
TEL 東京(03)3814-0911 振替00120
FAX 東京(03)3812-2615 7-25700
URL http://www.yokendo.com/

ISBN978-4-8425-0557-2　C3053

PRINTED IN JAPAN　製本所　株式会社真興社